T0197075

essentials

essentials liefern aktuelles Wissen in konzentrierter Form. Die Essenz dessen, worauf es als „State-of-the-Art" in der gegenwärtigen Fachdiskussion oder in der Praxis ankommt. *essentials* informieren schnell, unkompliziert und verständlich

- als Einführung in ein aktuelles Thema aus Ihrem Fachgebiet
- als Einstieg in ein für Sie noch unbekanntes Themenfeld
- als Einblick, um zum Thema mitreden zu können

Die Bücher in elektronischer und gedruckter Form bringen das Fachwissen von Springerautor*innen kompakt zur Darstellung. Sie sind besonders für die Nutzung als eBook auf Tablet-PCs, eBook-Readern und Smartphones geeignet. *essentials* sind Wissensbausteine aus den Wirtschafts-, Sozial- und Geisteswissenschaften, aus Technik und Naturwissenschaften sowie aus Medizin, Psychologie und Gesundheitsberufen. Von renommierten Autor*innen aller Springer-Verlagsmarken.

Michaela Gebetsroither · Meliha Honic ·
Iva Kovacic · Christoph Löffler ·
Klemens Marx · Rainer Pamminger ·
Steffen Robbi · Christian Sustr ·
Stefan Schützenhofer · Gundula Weber

Paradigmenwechsel in Bau- und Immobilienwirtschaft

Mit Kreislaufwirtschaft und Digitalisierung die Zukunft gestalten

Michaela Gebetsroither
Digital Findet Stadt GmbH
Wien, Österreich

Meliha Honic
ETH Zürich
Zürich, Schweiz

Iva Kovacic
TU Wien
Wien, Österreich

Christoph Löffler
EPEA GmbH – Part of Drees & Sommer
Wien, Österreich

Klemens Marx
VIRIDAD GmbH
Wien, Österreich

Rainer Pamminger
TU Wien
Wien, Österreich

Steffen Robbi
Digital Findet Stadt GmbH
Wien, Österreich

Christian Sustr
FCP Fritsch, Chiari & Partner ZT GmbH
Wien, Österreich

Stefan Schützenhofer
TU Wien
Wien, Österreich

Gundula Weber
AIT Austrian Institute of Technology GmbH
Wien, Österreich

ISSN 2197-6708   ISSN 2197-6716   (electronic)
essentials
ISBN 978-3-662-68275-3   ISBN 978-3-662-68276-0   (eBook)
https://doi.org/10.1007/978-3-662-68276-0

Die Deutsche Nationalbibliothek verzeichnet diese Publikation in der Deutschen Nationalbibliografie; detaillierte bibliografische Daten sind im Internet über http://dnb.d-nb.de abrufbar.

Planung/Lektorat: Simon Shah-Rohlfs
Springer Spektrum ist ein Imprint der eingetragenen Gesellschaft Springer-Verlag GmbH, DE und ist ein Teil von Springer Nature.
Die Anschrift der Gesellschaft ist: Heidelberger Platz 3, 14197 Berlin, Germany

Das Papier dieses Produkts ist recyclebar.

Was Sie in diesem *essential* finden können

- Einführung Kreislaufwirtschaft im Bauwesen
- Aktuelle Regulatorien und Anwendungsbereiche der EU – Taxonomie
- Übersicht Gebäudezertifizierungen
- Übersicht Digitaler Produkt- und Gebäudepässe
- Rolle der Digitalisierung für die Kreislaufwirtschaft
- Erstellung Materieller Gebäudepässe mit BIM

Vorwort

Durch die steigende Nachfrage an Ressourcen, den zunehmenden Landverbrauch, die Umweltverschmutzung und den steigenden CO_2-Ausstoß verursachen wir einen zunehmenden Verlust an Biodiversität und überschreiten die Belastungsgrenzen unseres Planeten. Um eine lebenswerte Umwelt für künftige Generationen zu sichern, ist eine grundlegende Transformation unseres Wirtschaftens erforderlich. Der Europäische Grüne Deal, die EU-Taxonomie-Verordnung und die Österreichische Kreislaufwirtschaftsstrategie erklären zirkuläres Wirtschaften zur Schlüsselstrategie für die Entkopplung von Ressourcenverbrauch und Wertschöpfung. Gleichzeitig trägt dies wesentlich zum Klimaschutz bei. Im Bausektor liegt großes Potenzial, großer Ressourceneinsatz und beträchtliche Emissionen entlang der noch überwiegend linear organisierten Wertschöpfungsketten, welche für hohe negative Umwelt- und Klimawirkungen verantwortlich sind, wie in dieser Publikation ausgeführt wird. Die Umsetzung der Kreislaufwirtschaft im Bauwesen bietet also enorme Chancen, um Verbrauch von Primärressourcen zu senken. Bei der Umsetzung getreu der Prinzipien wie „rethink", „reduce", „reuse", „repair" und „recycle", reicht es jedenfalls nicht aus, weniger Schaden zu verursachen, um den notwendigen Wandel herbeizuführen. Dieser erfordert ein vollkommenes Umlernen und Neudenken von Gestaltung, Nutzung und Betrieb der Bauwerke. Ziel ist eine regenerative Bauwirtschaft durch zirkuläres Design. Kreislaufwirtschaft muss für eine möglichst große Wirkung schon in der Planungs- und der Ausschreibungsphase ansetzen. Rechtliche und programmatische Anstöße für die Transformation zur Kreislaufwirtschaft sind bereits gegeben und in dieser Publikation beschrieben. Die sozioökonomischen Rahmenbedingungen für diese Veränderungen, sind noch in Entwicklung. Wesentliche Instrumente stellen Gebäudezertifizierungssysteme dar. Diese haben sich bereits weiterentwickelt, von zuvor überwiegend auf Energieeffizienz fokussierte Kriterien hin zur zunehmenden Berücksichtigung von Ressourceneinsatz- und Kreislaufwirtschaftskriterien.

Mit der Integration von Parametern der Kreislaufwirtschaft in BIM wird das Instrument der Digitalisierung ein wesentlicher Hebel für kreislauffähige Bauwerke. Für zirkuläre Planungen müssen Informationen über die Kreislauffähigkeit von Materialien, Konstruktionsweisen und Bauteilen in den BIM-Modellen verfügbar werden, damit einerseits Bewertungen, andererseits optimale Varianten entwickelt werden können. Die durchgehende Sicherung der Materialtransparenz in „as-Built"-Modellen oder Gebäudepässen steigert die Nachhaltigkeit bei Wartung, Reparatur und Betrieb, ermöglicht Zugriff auf Sekundärressourcen in Folgeplanungen und sichert am Ende des Lebenszyklus einen wiederverwendungsorientierten Rückbau. Aus Sicht (öffentlicher) Auftraggeber*innen wie der Stadt Wien, ist der Mehrwert dabei, dass die Parameter der Nachhaltigkeit und Ressourcenschonung in Vergabeprozessen klar und unmissverständlich gefördert und gefordert, sowie effizient (KI unterstützt) geprüft werden können. Die hier entwickelten digitalen Grundlagen für kreislauffähiges Bauen stellen einen wesentlichen Schritt in Richtung einer nachhaltigen und zirkulär gebauten Umwelt dar. Zusätzliche methodische, praxisorientierte Entwicklungen, wie der „Zirkularitätsfaktor für Wien", werden weiter dazu beitragen, die strategischen Zielvorgaben zu operationalisieren und die die Quantifizierung der Kreislauffähigkeit im Bauwesen breit zu etablieren.

Claudia Schrenk, B.Sc.

Danksagung

Wir danken uns für die konstruktive Zusammenarbeit der Projektgruppe „Digitale Grundlagen für kreislauffähiges Bauen" im Rahmen von Digital Findet Stadt, mit der die inhaltliche Grundlage für vorliegendes Buch und der umfangreiche Kriterienkatalog zur Kreislaufwirtschaft nach Abschn. 8.3 erarbeitet wurden. Beteiligt waren folgende Unternehmen/Institutionen und Personen:

AIT Austrian Institute of Technology GmbH	DI Gundula Weber
BUWOG Group GmbH	DI Marlene Asamer DI Michael Hallinger
DELTA Holding GmbH	DI Eva Bacher
Stadt Wien	DI Georg Hofmann Claudia Schrenk BSc.
Digital Findet Stadt GmbH	DI. Michaela Gebetsroither DI Dr. Steffen Robbi
EPEA GmbH – Part of Drees & Sommer	Christoph Löffler M.Sc

ETH Zürich	DI Dr. Meliha Honic
Ernst & Young	DI Dino Celi
FCP Fritsch, Chiari & Partner ZT GmbH	DI Christian Sustr
HANDLER Bau GmbH	Ing. Dieter Hofer
Madaster Austria GmbH	Mag. Werner Weingraber
M.O.O.CON GmbH	DI Martin Käfer
Stadt Wien, MA 39	DI Dieter Werner

Plandata GmbH	DI Lars Oberwinter
Dipl. Ing. Wilhelm Sedlak Gesellschaft m.b.H.	Mag. Simone Grassauer, DI Wilhelm Sedlak
SIDE – Studio for Information Design GmbH	DI Azra Dudakovic
TU Wien	DI Stefan Schützenhofer
TU Wien	Dipl.-Ing. Dr. Rainer Pamminger
TU Wien	Univ.Prof.in Dipl.-Ing. Dr.in techn, Iva Kovacic,
VIRIDAD GmbH	DI. Dr. Klemens Marx

Im Namen der Autorenschaft möchten wir uns herzlich für das Lektorat von Frau Barbara Ohnewas bedanken sowie den Beitrag von Herrn DI Philipp Feuchter der TU Wien für seinen wertvollen Input in Abschnitt 5 zur neuen Ökodesignverordnung (ESPR).

Inhaltsverzeichnis

Kreislaufwirtschaft im Bauwesen

1

Die Bauindustrie ist mit ca. ~40 % (massebezogen) einer der weltweiten größten Verbraucher von Ressourcen. Darüber hinaus verursacht sie weltweit ca. 1/3 der anthropogenen CO_2 Emissionen und 40 % des Abfalls (volumenbezogen) (Heinrich und Lang 2019, S. 2–4). Auch in Österreich verantwortet der Gebäudesektor in 2020 17,3 % der gesamten Treibhausgasemissionen (BMK 2022). In der Folge zeigt die wirtschaftliche Übernutzung von Ressourcen gravierende Auswirkungen auf unsere Ökosysteme. Der weltweite Earth Overshoot Day fiel im Jahr 2023 auf den 2. August und markiert den Tag an denen alle ökologischen Ressourcen verbraucht wurden, die im Laufe eines Jahres regeneriert werden können (Earth Overshoot Day 2023a). In Österreich werden bereits seit den 60iger Jahren jährlich mehr Ressourcen verbraucht als vorhanden sind und hierzulande wurde er bereits am 6. April erreicht (Earth Overshoot Days 2023b). Im Zuge des Green Deals beschloss die EU eine Senkung der Netto-Treibhausgasemissionen von 55 % gegenüber dem Stand von 1990 (Europäischer Rat 2019a). Im Jahr 2021 wurden anschließend sechs Ziele präsentiert, die zur Verwirklichung des Grünen Deals beitragen sollen. Diese Bestrebungen werden durch die Lenkung von Investitionen und Kapitalströme in nachhaltige Projekte und Aktivitäten der EU-Taxonomie-Verordnung unterstützt. Da die die Bauindustrie für über 35 % (EU-Kommission 2020a) des gesamten Abfallaufkommens in der EU verantwortlich ist und einen signifikanten Einfluss auf verschiedenste Aspekte der Ökonomie, lokale Jobs und unsere Lebensqualität besitzt, ist sie ein wesentlicher Schlüsselbereich im EU-Aktionsplan (EU-Parlament 2021a). Eine für die Baubranche hoch relevante Maßnahme zur Erreichung der Klimaziele ist der Übergang zur Kreislaufwirtschaft. Diese beschreibt ein ökonomisches Modell, welches darauf abzielt, Abfall zu reduzieren, Ressourceneffizienz zu maximieren

© Der/die Autor(en) 2024 1
M. Gebetsroither et al., *Paradigmenwechsel in Bau- und Immobilienwirtschaft,*
essentials, https://doi.org/10.1007/978-3-662-68276-0_1

und die negativen Einflüsse auf unserer Umwelt zu minimieren. Die Definition einer Kreislaufwirtschaft nach der Ellen MacArthur Foundation fußt auf 3 Säulen:

- Reduzierung von Abfall und Verschmutzung,
- Zirkularität von Produkten und Materialien (zu ihrem höchsten Wert)
- Regenerierung der Natur (Ellen MacArthur Foundation 2023).

In der Kreislaufwirtschaft ist Wirtschaftstätigkeit vom Verbrauch endlicher Ressourcen entkoppelt und konzentriert sich auf restaurative oder regenerative Prozesse. Dabei wird versucht, den höchsten Wert der Ressourcen so lange wie möglich zu erhalten. Der entstandene „Abfall" wird für die Herstellung neuer Materialien und Produkte genutzt (EPA 2023). Aktuell zeigen sich neben gravierenden ökologischen auch ökonomischen Folgen aufgrund der Abhängigkeit von Energie und Ressourcenimporten der Bauwirtschaft. Insbesondere sind hier kleine und mittlere Unternehmen und die Industrie betroffen (EU-Parlament 2021a). Nicht erst seit 2020 ist ein massiver Aufwärtstrend bei Baumaterialkosten zu beobachten. Erschwert wird diese Situation durch steigende Energiepreise und aktuell noch immer beeinträchtigte Lieferketten in Folge der Ukrainekrise. (BMWSB 2022) In den nächsten Jahren wird eine weitere Verknappung der Rohstoffe erwartet. Das internationale Ressource Panel rechnet mit einer Verdopplung des Rohstoffverbrauches bis 2050 (International Ressource Panel 2017).

Gleichzeitig befindet sich die EU in extremer Abhängigkeit von Rohstoffen und importiert rund 50 % aller verwendeten Rohmaterialien. Von 7,4 Gt/a an verarbeiteten Materialien und 4,7 Gt/a Outputs an Baustoffen werden nur ein Bruchteil von 0,7 Gt pro Jahr an Gesamtabfallmaterial recycelt (EPRS 2022). Aktuell konzentriert sich die Baupraxis im Bereich Abfallverwertung auf das zweite Leben von Materialien, die sogenannten „Downcycling" Prozesse (Heinrich und Lang 2019, S. 32). Hier werden vor allem Zuschlagstoffe für den Straßenbau oder Verfüllmaterial generiert. Das reduziert jedoch den Wert und die Qualität der Materialien und widerspricht dem Gedanken der Kreislaufwirtschaft, den höchstmöglichen Wert so lange als möglich zu erhalten. Mit einer Nutzungsrate von 12 % (BMK 2022, S. 17) von wiederverwendbaren Stoffen (Circular Material Use Rate) lag Österreich unter dem europäischen Durchschnitt von 12,8 %. Vorreiter in der kreislauforientierten Rückführung von Ressourcen sind die Niederlande mit einer Nutzungsrate von 30,9 % (BMK 2022, S. 20). Nach einer Schätzung der Europäischen Kommission hat die Anwendung der Kreislaufwirtschaft-Grundsätze das Potenzial das EU-BIP bis 2030, um zusätzliche 0,5 % zu steigern und etwa 700 000 neue Arbeitsplätze zu schaffen (EU-Kommission 2020a Potenzial). Potential wird auch für Unternehmen des verarbeitenden Gewerbes gesehen, welche im Durschnitt 40 % der gesamten Warenkosten für Materialien ausgeben. Hier könnten Kreislaufmodelle die Rentabilität steigern und vor Preisschwankungen schützen (World Economic Forum 2021).

1.1 Österreichische Kreislaufwirtschaft und Situation in der Stadt Wien

Die Nationale Kreislaufstrategie im Regierungsprogramm von 2020–2024 zielt auf eine nachhaltige Kreislaufwirtschaft und eine bessere und effizientere Nutzung der Ressourcen ab. Gleichzeitig wird „Kreislaufwirtschaft zunehmend Bestandteil der Forschungsfragen rund um die Ökologisierung des Ressourcen- und Energieflusses – in der Digitalisierung der Bauwirtschaft, der Bewertung von Gebäuden und Infrastruktur [..]." (BMK 2022, S. 50) In der Stadt Wien wurden vom Gemeinderat die zuletzt im Jahr 2022 aktualisierte Wiener Smart Klima City Strategie, sowie die Strategie"Wien 2030 – Wirtschaft & Innovation" beschlossen. Zur konkreten Umsetzung wurde das Programm DoTank Circular City Wien 2020–2030 (Stadt Wien 2023) aufgelegt. In dieser magistratsübergreifenden Drehscheibe zur Kreislaufwirtschaft in der gebauten Umwelt beschäftigt sich die Stabsstelle Ressourcenschonung und Nachhaltigkeit im Bauwesen in der Stadtbaudirektion der Stadt Wien mit dieser Thematik. Hierzu wurden von der Stadt Wien klar messbare Ziele definierte […] Wien senkt seinen konsumbasierten Material-Fußabdruck pro Kopf um 30 % bis 2030 und um 50 % bis 2050. Ab 2030 ist kreislauffähiges Planen und Bauen zur maximalen Ressourcenschonung Standard bei Neubau und Sanierung. Bauelemente, -produkte und -materialien von Abrissgebäuden und Großumbauten werden 2040 zu 70 % wiederverwendet oder – verwertet (Stadt Wien 2022, S. 41).

Dringenden Handlungsbedarf bei der praktischen Umsetzung der Kreislaufwirtschaft sieht die Stadt Wien bei der Kooperation mit der Bauwirtschaft unter Zuhilfenahme neuer, beziehungsweise neu interpretierter digitaler Technologien (Stadt Wien 2023).

Literatur

(BMK) Bundesministerium Klimaschutz, Umwelt, Energie, Mobilität, Innovation und Technologie. (2022) Ressourcennutzung in Österreich. https://www.bmk.gv.at/themen/klima_umwelt/abfall/Kreislaufwirtschaft/strategie.html. Zugegriffen: 9 November 2022

(BMWSB) Bundesministerium für Wohnen, Stadtentwicklung und Bauwesen. (2022). Lieferengpässe und Preissteigerungen wichtiger Baumaterialien als Folge der Ukraine – Kriegs. https://www.bmwsb.bund.de/SharedDocs/pressemitteilungen/Webs/BMWSB/DE/2022/03/baustoffpreissteigerung.html. Zugegriffen: 9 Oktober 2022

Earth Overshoot Day. (2023a). About Earth Overshot Day. https://www.overshootday.org/about-earth-overshoot-day/. Zugegriffen: 16 Mai 2023

Earth Overshoot Day (2023b). Country Overshot Day. https://www.overshootday.org/newsroom/country-overshoot-days/ Zugegriffen: 16 Mai.2023

Ellen MacArthur Foundation. (2010). Circularity-Indicators-Methodology. https://emf.thirdlight.com/link/3jtevhlkbukz-9of4s4/@/preview/1?o. Zugegriffen: 15 August 2022

EPA United States Environmental Protection Agency (2022). What is a Circular Economy? https://www.epa.gov/circulareconomy/what-circular-economy. Zugegriffen: 11 November 2022

(EPRS) European Parliamentary Research Service (2022). Circular Economy. https://www.europarl.europa.eu/thinktank/infographics/circulareconomy/public/index.html. Zugegriffen: 02 August 2020

EU-Parlament (2021a) https://www.europarl.europa.eu/news/de/headlines/society/20210128STO96607/wie-will-die-eu-bis-2050-eine-kreislaufwirtschaft-erreichen. Zugegriffen: 28.8.2022

EU-Kommission. (2020a). Ein neuer Aktionsplan für die Kreislaufwirtschaft Für ein saubereres und wettbewerbsfähigeres Europa. https://eur-lex.europa.eu/legal-content/DE/TXT/HTML/?uri=CELEX:52020DC0098. Zugegriffen: 14.12.2022

Heinrich M. & Lang W. (2019). Material Passports – Best practice. https://www.bamb2020.eu/wp-content/uploads/2019/02/BAMB_MaterialsPassports_BestPractice.pdf. Zugegriffen: 13 Juli 2022

Stadt Wien (2022). Strategie Wien 2030 – Wirtschaft & Innovation. https://smartcity.wien.gv.at/wp-content/uploads/sites/3/2022/03/scwr_klima_2022_web-neu.pdf. Zugegriffen: 12 März 2023

Stadt Wien. (2023). Transdisziplinäre Strategieentwicklung – "DoTank Circular City Wien 2020–2030". https://www.wien.gv.at/bauen/dotankcircularcity/strategie.html. Zugegriffen: 12 Juni 2023

World Economic Forum. (2021). Why digitalization is critical to creating a global circular economy https://www.weforum.org/agenda/2021/08/digitalization-critical-creating-global-circular-economy/. Zugegriffen 11 Oktober 2022

EU – Taxonomie   2

2.1 Entstehungsgeschichte und Anwendungsgebiet der EU-Taxonomie

Spätestens seit dem Übereinkommen von Paris (COP21) im Jahr 2015 stehen Staaten und Unternehmen zunehmend vor der Herausforderung, sich damit zu beschäftigen, was nachhaltig ist und was nicht. Dieses wurde von 195 Vertragspartnern unterzeichnet und folgt der Leitlinie, die menschgemachte globale Erderwärmung auf deutlich unter 2 °C gegenüber vorindustriellen Werten zu begrenzen. Als Reaktion darauf hat die Europäische Union, als Vertragspartnerin des Übereinkommens von Paris, die Notwendigkeit des Übergangs zu einer emissionsarmen, ressourcenschonenden Wirtschaft als entscheidend für die Sicherung der langfristigen Wettbewerbsfähigkeit ihrer Wirtschaft identifiziert. Als wesentlicher Treiber und Schlüssel für die Transformation des europäischen Wirtschaftssystems hin zu mehr Nachhaltigkeit wurde dabei das Finanzsystem identifiziert. Die von der Kommission eingesetzte hochrangige Sachverständigengruppe für ein nachhaltiges Finanzwesen, welche eine umfassende Vision für die Entwicklung einer EU-Strategie für ein nachhaltiges Finanzwesen erstellte, (HLEG 2018) mündete in den „Aktionsplan: Finanzierung nachhaltigen Wachstums" (EU-Kommission 2018). Zielsetzung des Aktionsplans: Kapitalflüsse auf nachhaltige Investitionen umlenken, um ein nachhaltiges und integratives Wachstum zu erreichen, finanzielle Risiken, die sich aus dem Klimawandel, der Ressourcenknappheit, der Umweltzerstörung und sozialen Problemen ergeben, zu bewältigen sowie Transparenz und Langfristigkeit in der Finanz- und Wirtschaftstätigkeit zu fördern.

© Der/die Autor(en) 2024   7
M. Gebetsroither et al., *Paradigmenwechsel in Bau- und Immobilienwirtschaft*,
essentials, https://doi.org/10.1007/978-3-662-68276-0_2

Er beschreibt 10 Handlungsstränge zur Erreichung der ambitionierten Ziele. Zentrale, dringendste Maßnahme war dabei die Forderung nach einem einheitlichen Klassifikationssystem für nachhaltige Tätigkeiten, welches klar, transparent und nach quantitativen Kriterien Nachhaltigkeit festlegt. Der 2019 ins Leben gerufene „European Green Deal" (EU-Rat 2019a) hat das Ziel, Europa bis 2050 zu einem klimaneutralen Kontinent zu transformieren. Dies wird von der Initiative „Fit for 55" (EU-Rat 2019b) umgesetzt. Als Instrument, um den Weg dorthin auch mess-, und kontrollierbar zu machen und den Wandel zur nachhaltigen Nutzung von Ressourcen und dem Schutz des Klimas sowie der sozialen Gerechtigkeit voranzubringen, gibt es die EU-Taxonomie Verordnung (EU-Parlament 2020a). Sie legt nach transparenten und eindeutigen Regeln fest, was nachhaltig ist und was nicht und definiert dazu 6 Umweltziele, nach denen umweltbezogene Nachhaltigkeit quantifiziert wird. Abb. 2.1 und 2.2.

Der Katalog von der EU-Taxonomie umfasst derzeit rund 100 Wirtschaftstätigkeiten, welche taxonomiefähig sind. Damit diese Wirtschaftstätigkeit als

Abb. 2.1 Taxonomie Konformität

Abb. 2.2 Sechs Umweltziele zur Quantifizierung der Nachhaltigkeit

nachhaltig im Sinne der EU-Taxonomie ausgewiesen werden kann, muss sie bei Ausübung zu einem dieser 6 Umweltziele einen wesentlichen Betrag leisten sowie die verbleibenden Umweltziele nicht wesentlich beeinträchtigen (Do No Significant Harm – DNSH). Die Einhaltung der in den Delegierten Rechtsakten (EU-Kommission 2021a) der EU-Taxonomie festgelegten technischen Bewertungskriterien sowie soziale Mindeststandards, wie die „UN-Leitprinzipien für Wirtschaft und Menschenrechte" vorgibt, werden geprüft. Erst wenn alle diese Anforderungen erfüllt sind, gilt die Ausübung dieser Wirtschaftstätigkeit als EU-Taxonomiekonform.

Für Nicht-Finanzunternehmen erfolgt im Rahmen der EU-Taxonomie die Offenlegung von KPIs, die auf Ebene der Umsätze, Investitions- und Betriebsausgaben ausweisen inwieweit ein Unternehmen, ausgedrückt in Prozent, gemessen jeweils an Gesamt-/umsatz/-investitionsausgaben/-betriebsausgaben, taxonomiefähige sowie taxonomiekonforme Tätigkeiten ausübt. Der standardisierte Bericht ermöglicht den Vergleich von Unternehmen. Anforderungen der Offenlegung sind einem gesonderten Delegierten Rechtsakt (EU-Kommission 2021b) definiert. Die jährliche Verpflichtung zur Veröffentlichung der EU-Taxonomie Informationen als Nachhaltigkeitsbericht betrifft derzeit große, börsennotierte Unternehmen mit mehr als 500 Mitarbeitern wobei hier das EU-Taxonomie Regulativ auf die sogenannte „Non-Financial Reporting Directive" (NFRD – Direktive 2014/95/EU) sowie nachhaltige Finanzprodukte die in der sogenannten „Sustainable Finance Disclosure Regulation" (SFDR – Regulativ (EU) 2019/2088) definiert sind verweist. Aktuell sind bereits rund 11.000 Unternehmen in der EU von dieser verpflichtenden Anwendung der EU-Taxonomie betroffen. Mit der sogenannten „Corporate Sustainability Reporting Directive" (CSRD) (EU-Kommission und Rat 2022a) wird der Anwendungsbereich der EU-Taxonomie wesentlich erweitert und wird schrittweise alle Großunternehmen mit mehr als 250 Mitarbeitern sowie alle börsennotierten (inkl. KMU aber exkl. Mikrounternehmen) und damit mehr als 50.000 Unternehmen umfassen.

Es ist davon auszugehen, dass sämtliche auf Fremdfinanzierung angewiesenen Unternehmen des Europäischen Wirtschaftsraums zumindest indirekt von der EU-Taxonomie betroffen sein werden, da sie an Kreditgeber und Investoren für deren Nachhaltigkeitsberichte Informationen und Daten bereitstellen werden müssen.

2.2 Relevanz für die Immobilienbranche

Für die Immobilienbranche definiert die EU-Taxonomie unter anderem folgende Wirtschaftstätigkeiten:

- Neubau
- Renovierung bestehender Gebäude
- Installation, Wartung und Reparatur von energieeffizienten Geräten
- Installation, Wartung und Reparatur von Ladestationen für Elektrofahrzeuge in Gebäuden und deren Parkplätzen
- Installation, Wartung und Reparatur von Geräten für die Messung, Regelung und Steuerung der Gesamtenergieeffizienz von Gebäuden
- Installation, Wartung und Reparatur von Technologien für erneuerbare Energien
- Erwerb von und Eigentum an Gebäuden

Ob noch weitere Wirtschaftstätigkeiten wie die Ausübung von freiberuflichen Dienstleistungen im Zusammenhang mit der Gesamtenergieeffizienz von Gebäuden relevant sind, ist im Einzelfall zu prüfen. Für die oben genannten Wirtschaftstätigkeiten sind derzeit bereits Anforderungen an die Taxonomie Konformität per Verordnung für die Umweltziele „Klimaschutz" und „Anpassung an den Klimawandel" festgelegt. Die Anforderungen für einen wesentlichen Beitrag zu den anderen 4 Umweltziele, darunter das Umweltziel „Übergang zu einer Kreislaufwirtschaft" sowie die technischen Kriterien wurden Ende Juni 2023 veröffentlicht. In diesem Umweltziel werden für die Immobilienbranche Kriterien für „Bau von neuen Gebäuden", die „Renovierung von bestehenden Gebäuden", der „Abriss und Zerstörung von Gebäuden und anderen Bauwerken", die „Instandhaltung von Straßen und Autobahnen" sowie die „Verwendung von Beton im Bauwesen" definiert.

2.3   Übergang zu einer Kreislaufwirtschaft

Technische Kriterien (EU-Kommission 2023) für dieses Umweltziel wurden Ende Juni 2023 von der Europäischen Kommission veröffentlicht. Im Weiteren liegt der Fokus bei den Kriterien für den wesentlichen Beitrag zum Übergang zu einer Kreislaufwirtschaft für den „Bau von neuen Gebäuden" sowie die „Renovierung von bestehenden Gebäuden".

2.3.1 Kriterien für Neubau

Anforderungen an den Umgang mit Bau- und Abbruchabfällen
Diese werden gem. dem „EU-Protokoll für Abbruch- und Bauabfälle" behandelt, wobei mindestens 90 % (nach Gewicht) der auf der Baustelle anfallenden nicht gefährlichen Bau- und Abbruchabfälle (mit Ausnahme von natürlich vorkommendem Material gemäß Kategorie 17 05 04 des durch die Entscheidung 2000/532/ EG der Kommission erstellten Europäischen Abfallverzeichnisses) für die Wiederverwendung oder das Recycling vorbereitet werden müssen. Dies ist durch die Einrichtung von Sortiersystemen und durch entsprechende Audits vor dem Abbruch zu ermöglichen. Der Nachweis über die Erfüllung der Anforderung soll unter Bezugnahme auf die Level(s)-Indikatoren Stufe 2.2 (Bau- und Abbruchabfälle und -materialien) mit dem Berichtsformat gem. Stufe 3 für die verschiedenen Abfallströme erfolgen (EU-Kommission 2023).

Anforderungen an die Durchführung einer Ökobilanz
Die Berechnung einer Ökobilanz gem. Level(s) und EN 15978, welche jede Phase des Lebenszyklus abdeckt, ist durchzuführen und die Ergebnisse sind auf Anfrage den Investoren und der Öffentlichkeit zugänglich zu machen.

Anforderungen an Baukonstruktion und -techniken
Die Baukonstruktion und -techniken sind kreislaufwirtschaftsgerecht auszuführen, damit das Gebäude ressourceneffizienter, anpassungsfähiger, flexibler und leichter demontierbar gestaltet ist, um Wiederverwendung und Recycling zu ermöglichen. Der Nachweis der Umsetzung der Anforderung muss unter Bezugnahme auf Level(s)-Indikator 2.3 (Design für Anpassungsfähigkeit) und 2.4 (Design für Rückbau) auf Stufe 2 erfolgen.

Anforderungen an die Nutzung von Kreislaufmaterial oder -produkten
Der Einsatz von Primärrohstoffen wird durch den Einsatz von Sekundärrohstoffen minimiert. Dabei muss sichergestellt werden, dass für die drei schwersten Materialkategorien (gemessen an der Materialmasse in Kilogramm), folgende Anteile an Primärrohstoffen nicht überschritten werden:

- 70 % in Summe für Beton, Natur- oder Verbundstein
- 70 % in Summe für Ziegeln, Fliesen, und Keramik
- 80 % bei biobasierten Materialien
- 70 % in Summe für Glas und mineralischen Dämmstoffen
- 50 % bei nicht-biobasierten Kunststoffen

- 30 % bei Metallen
- 65 % bei Gips

Sofern keine Informationen über den Einsatz von Sekundärmaterialien vorhanden sind, werden die Materialmassen als Primärrohstoff betrachtet. Wiederverwendete Bauprodukte werden als 100 % Sekundärrohstoff in der Berechnung berücksichtigt. Die Einhaltung von Anforderungen für den Einsatz von Primärrohstoffen wird mithilfe des Levels 2.1 Indikator dargestellt.

Anforderungen an ein digitales Gebäudemodell
Zum Zweck der zukünftigen Wartung, Wiederherstellung und Wiederverwendung werden digitale Gebäudemodelle im As-built erstellt und genutzt, welche Informationen über Materialien und Bauprodukte, beispielsweise gemäß EN ISO 22057:2022, beinhalten um entsprechende Environmental Product Declarations (EPD) zu erstellten. Die digitalen Modelle werden auf Nachfrage Investoren und Betreibern zur Verfügung gestellt. Es wird sichergestellt, dass die digitalen Informationen auch über die Lebenszeit des Gebäudes verfügbar sind, was durch die Nutzung von nationalen Informationssystemen wie ein Materialkataster oder öffentliche Register realisiert werden kann.

2.3.2 Kriterien für Renovierungen

Die Anforderungen sind jenen des Neubaus ähnlich und unterscheiden sich in Details wie folgt dargestellt (EU-Kommission 2023).

Anforderungen an den Umgang mit Bau- und Abbruchabfällen
Die Anforderungen sind jenen des Neubaus gleich sowie eine Forderung nach einer Recyclingquote von 70 %.

Anforderungen an die Durchführung einer Ökobilanz
Die Anforderungen sind jenen des Neubaus gleich.

Anforderungen an Baukonstruktion und -techniken
Die Anforderungen sind jenen des Neubaus gleich.

Anforderungen an den Erhalt des Bestandsgebäudes
Gemessen an der Gesamtoberfläche aller externen Elemente, müssen mindestens 50 % des ursprünglichen Gebäudes beibehalten werden. Für die Berechnung

wird auf nationale oder regionale Berechnungsmethoden oder, alternativ, auf die Definition „IPMS 1" des International Property Measurement Standards zurückgegriffen.

Anforderungen an die Nutzung von Kreislaufmaterial oder -produkten
Die Anforderungen sind jenen des Neubaus gleich wobei abweichende Schwellenwerte, wie folgt, zur Anwendung kommen:

- 85 % in Summe für Beton, Natur- oder Verbundstein
- 85 % in Summe für Ziegeln, Fliesen, und Keramik
- 90 % bei biobasierten Materialien
- 85 % in Summe für Glas und mineralischen Dämmstoffen
- 75 % bei nicht-biobasierten Kunststoffen
- 65 % bei Metallen
- 83 % bei Gips

Anforderungen an ein digitales Gebäudemodell
Die Anforderungen sind jenen des Neubaus gleich.

2.4 Herausforderungen bei der Implementierung

Die Anforderungen der EU-Taxonomie an die Nachweiseführung sind sehr umfangreich und besonders bei bestehenden Gebäuden ohne entsprechende Daten und Informationen-Verfügbarkeit, sehr herausfordernd. Darüber hinaus stellen einzelne Anforderungen aufgrund von Neuartigkeit und Interpretationsspielraum bei der Auslegung eine Herausforderung dar. So kann, z. B., die Qualität und der Detailgrad eines digitalen Gebäudemodells sehr unterschiedlich sein und muss jedenfalls in der frühen Phase eines Bauprojektes, wie in der Informationsanforderung oder im Lastenheft, durch die Bauherren festgesetzt werden.

Literatur

EU-Kommission (2018a). Aktionsplan: Finanzierung nachhaltigen Wachstums. https://eur-lex.europa.eu/legal-content/DE/TXT/HTML/?uri=CELEX:52018DC0097&from=DE. Zugegriffen: 30 November 2022
EU-Kommission. (2021a) Delegierte Verordnung (EU) 2021/2139 der Kommission, https://eur-lex.europa.eu/legal-content/DE/TXT/?uri=CELEX%3A32021R2139. Zugegriffen:

17 November 2022

EU-Kommission. (2021b) Delegierte Verordnung (EU) 2021/2178, https://eur-lex.europa.eu/
legal-content/DE/TXT/PDF/?uri=CELEX:32021R2178. Zugegriffen: 23 Oktober 2022

EU-Kommission (2022a), "Mitteilung der Kommission An das Europäische Parlament, den
Rat, den Europäischen Wirtschafts- Und Sozialausschuss und den Ausschuss Der Regionen: Nachhaltige Produkte zur Norm machen," 2022. https://eur-lex.europa.eu/legal-con
tent/DE/TXT/HTML/?uri=CELEX%3A52022DC0140. Zugegriffen: 12 November 2022

EU-Kommission (2023). Regulation (EU) 2020/852 Annex II. https://finance.ec.europa.eu/
system/files/2023-06/taxonomy-regulation-delegated-act-2022-environmental-annex-2_
en_0.pdf. Zugegriffen: 12 Juli 2022

EU-Kommission und Rat (2022a). Richtlinie (EU) 2022/2464 der Kommission. https://
eur-lex.europa.eu/legal-content/EN/TXT/?uri=CELEX%3A32022L2464. Zugegriffen 3
Februar 2023

EU-Parlament (2020a). Regulativ (EU) 2020/852. https://eur-lex.europa.eu/legal-content/
DE/TXT/PDF/?uri=CELEX:32020R0852. Zugegriffen: 30 August 2022

Europäischer Rat. (2019a). Ein europäischer Grüner Deal https://www.consilium.europa.eu/
de/policies/green-deal/. Zugegriffen: 6 September 2022

Europäischer Rat. (2019b). „Fit für 55". https://www.consilium.europa.eu/de/policies/green-
deal/fit-for-55-the-eu-plan-for-a-green-transition/. Zugegriffen: 11 Dezember 2022

HLEG) EU High-Level Expert Group on Sustainable Finance. (2018). Financing a Sustainable European Economy. https://finance.ec.europa.eu/system/files/2018-01/180131-sustai
nable-finance-final-report_en.pdf. Zugegriffen: 05 Juli 2022

Gebäudezertifizierungen 3

Das Bauwesen hat erhebliche Auswirkungen auf die Nachhaltigkeit, da hierbei große Energie- und Massenströme entstehen und Bauprodukte sowie Gebäude über einen langen Zeitraum auf die Umwelt und Gesellschaft einwirken. Nachhaltige Gebäudestandards, die hinsichtlich des Energieverbrauchs, relevanter Umweltauswirkungen, der Qualität der Innengestaltung sowie der optimalen Nutzung quantifizieren, fanden ihren Ursprung bereits in den 1990iger Jahren und nehmen seither einen größeren Stellenwert am österreichischen Markt ein (TU Wien 2020). Zunehmend auch im Bereich kreislauffähigen Bauens.

3.1 Allgemeines

Dabei zeichnen sich die allgemein gültigen Tendenzen zu unterschiedlichen Systemen ab:

Gebäudezertifikate ermöglichen eine umfassende Bewertung des Gebäudes als Gesamtsystem unter Annahme eines standardisierten Nutzerverhaltens zu einem bestimmten Zeitpunkt.

Für Investoren, Bauherren und die Öffentlichkeit wird das Thema Nachhaltigkeit transparent und ökonomisch verwertbarer, da Gebäudezertifikate ein gewisses Maß an Sicherheit hinsichtlich des Werterhalts einer Immobilie geben, marketingtechnisch verwertet werden können und sich damit positive Effekte auf die Umwelt darstellen lassen. Zertifizierungssysteme definieren und beschreiben in verständlicher Form Anforderungskriterien und Zielwerte für nachhaltiges Bauen. Die meisten in Österreich befindlichen Gebäudezertifizierungssysteme

© Der/die Autor(en) 2024
M. Gebetsroither et al., *Paradigmenwechsel in Bau- und Immobilienwirtschaft*,
essentials, https://doi.org/10.1007/978-3-662-68276-0_3

bewerten die Aspekte Energie, Material, Wasser, Boden, Innenraum und Gebäu-
debetrieb sowie teilweise bereits die Kreislaufwirtschaft von Baustoffen bzw.
Immobilien. Wesentliche Unterschiede liegen in der Methode der Datenaggregie-
rung sowie der Gewichtung der einzelnen Faktoren. Eine einheitliche Systematik
kann jedoch anhand des Bearbeitungs- und Bewertungsgegenstands (Wohnge-
bäude, Bürogebäude), der Bewertungsziele (ökologische/ökonomische Kriterien),
des Bearbeitungs- und Bewertungsrahmen (zeitlich, räumlich), der Methodik zur
Ermittlung (gesetzliche Anforderungen, vereinbarte Grenzwerte), der Zielgruppen
(Architekt, Bauherr) sowie der Darstellungsform (tabellarisch, Vektor) getroffen
werden. In den letzten Jahren ist die Anzahl an Bewertungs- und Zertifizierungssystemen enorm gestiegen. Neben Standards, Richtlinien und Planungszielen
für nachhaltige Gebäude existieren weltweit nun mehr als 600 Methoden zur
Nachhaltigkeitsbewertung. Die meisten Systeme orientieren sich an nationalen
Vorgaben wie in Österreich beispielsweise der klimaaktiv Gebäudestandard. International haben sich weitere anerkannte Systeme darunter v. a. BREEAM, oder
LEED etabliert. In Österreich wie auch in anderen Ländern wurde das Konzept des „Green Building" zum „Sustainable Building" weiterentwickelt, wodurch
soziale und ökonomische Kriterien in die Gebäudebewertung mit einfließen.

3.2   Übersicht Zertifizierungssysteme

3.2.1   Nationale Gebäudezertifizierungssysteme

Nationale Gebäudezertifizierungen, als Planungs- und Bewertungssysteme,
berücksichtigen die Rahmenbedingungen und Anforderungen des österreichischen Bausektors und nehmen daher auf diverse soziale und ökologische Bege-
benheiten bedacht. Am österreichischen Markt befinden sich derzeit vor allem
drei Gebäudebewertungssysteme:

- TQB – Total Quality Building der Österreichischen Gesellschaft für Nachhal-
  tiges Bauen (ÖGNB)
- Klimaaktiv Gebäudestandard – eine Klimaschutzinitiative des österreichischen
  Klimaschutzministeriums
- Gebäudezertifizierung der Österreichische Gesellschaft für Nachhaltige Immo-
  bilienwirtschaft (ÖGNI)

Die Bewertungssysteme sind unterschiedlich, vor allem in Umfang und Ausge-
staltung, abhängig von den jeweiligen Zielgruppen, wobei die ersten erwähnten

Systeme vergleichbar und aufeinander aufbauend sind. Die Gebäudezertifizierung nach ÖGNI beruht auf einer Adaptierung des DGNB-Systems hinsichtlich österreichischer Normvorgaben.

TQB – Total Quality Building der ÖGNB
Das TQB-System ist ein umfassender Bewertungsrahmen für Wohn- und Dienstleistungsgebäude, der nicht nur ein Gebäudezertifizierungssystem darstellt, sondern auch mittels Checklisten, während der Design-, Planungs- und auch Errichtungsphase zur Qualitätssicherung und Validierung von Nachhaltigkeitskriterien geeignet ist. TQB basiert auf dem Total Quality (TQ) Label zur Gebäudebewertung, dem ältesten im Jahr 1998 entwickelten österreichischen Gebäudebewertungssystem. Aus der Zusammenführung von TQ, Klimaaktiv und dem IBO ÖKOPASS entstand 2010 das Total Quality Building (TQB); (Klimaaktiv 2016). Die aktuellen Bewertungskriterien sind im ÖGNB-Tool online einsehbar. Diese wurden im Jahr 2021 aktualisiert, um sie an das österreichische Ziel der Klimaneutralität bis zum Jahr 2040 anzupassen (Leindecker 2021).

Das System beinhaltet die Kategorien (UBA 2014):

• Standort und Ausstattung
• wirtschaftliche und technische Qualität
• Energiebereitstellung und -versorgung
• Aspekte der Gesundheit
• Komfort
• Ressourceneffizienz

Besonders das Kriterium der Ressourceneffizienz stellt eine Verbindung zur Kreislaufwirtschaft dar, da bei der ökologischen Betrachtung des Gebäudes von der Herstellung bis zur Entsorgung die Vermeidung kritischer Stoffe sowie der bevorzugte Einsatz von regionalen und zertifizierten Bauprodukten bewertet werden. Die Einzelkriterien sind mit dem klimaaktiv Gebäudestandard kompatibel, wobei zusätzliche Nachhaltigkeitskriterien in das System aufgenommen wurden, darunter das Risiko am Gebäudestandort, Ausstattungsqualität, Barrierefreiheit, ökologische Baustelle, Brandschutz, Wasserbedarf, Schallschutz und der Entsorgungsindikator (Klimaaktiv 2016). Der Entsorgungsindikator als neues Nachhaltigkeitskriterium berücksichtigt beispielsweise den Primärenergieinhalt an nicht-erneuerbaren Ressourcen, das Treibhauspotenzial (GWP) und das Versäuerungspotenzial (AP) der verbauten Materialien. Bei der Ermittlung wird der gesamte Gebäudeslebenszyklus betrachtet – im Detail die bestehenden Volumina der n Bauteilschichten und -konstruktionen, welche mit den

jeweiligen Entsorgungs- und Recyclingeigenschaften gewichtet werden. (Leindecker 2021) Allgemein ist die Einstufung auf Baustoffebene umso schlechter,
je höher der Aufwand für den Rückbau und die Verwertung sowie die negativen
Auswirkungen für die Entsorgung auf die Umwelt sind. (TU Wien 2020).
    Die Bewertung des Gebäudes erfolgt schlussendlich anhand eines Punkte-
systems mit maximaler Punktezahl von 1.000 (Florit 2011). Als Ergebnis wird
die nachhaltige und umweltbezogene Qualität eines Gebäudes anhand eines
Zertifikats sicht- und vergleichbar.

Klimaaktiv Gebäudestandard
Der klimaaktiv Gebäudestandard wurde als Selbstdeklarationssystem im Rahmen
der Klimaschutzinitiative des österreichischen Klimaschutzministeriums 2005
ins Leben gerufen und seither laufend adaptiert. Das Zertifizierungssystems
zielt darauf ab, die Qualität eines Gebäudes in Österreich v. a. hinsichtlich
Energieeffizienz und Klimarelevanz mess- und vergleichbar zu machen.
    Das System besteht mit einem Maximum von 1000 Punkten aus den Bewer-
tungskategorien:

- Standort und Ausstattung
- Energie und Versorgung
- Baustoffe und Konstruktion
- Komfort und Raumluftqualität (Figel und Bauer 2022)

Die Kategorien unterteilen sich in Subkriterien, wobei zwischen Muss- und
Zusatzkriterien unterschieden wird. Die einzelnen Musskriterien stellen einen kla-
ren Anforderungswert z. B. an den Heizwärmebedarf, den Primärenergiebedarf,
die äquivalenten Treibhausgasemissionen sowie den Gesamtenergieeffizienzfak-
tor für Immobilien dar, welche die baurechtlichen Mindeststandards deutlich
unterschreiten.
    Seit der letzten Adaptierung der Kriterien im Jahr 2022 wurden sämtliche
klimaaktiv Anforderungswerte um rund 25 % ambitionierter festgelegt als die
derzeit gesetzlichen Standards lt. OIB RL 6, 2019 bezogen auf den Heizwärmebedarf und den Primärenergiebedarf. Dies entspricht einer Einhaltung der
EU-Anforderungen gemäß EU-Taxonomie. Bei klimaaktiv Gebäuden sind auch
keine fossilen Energieträger im Neubau sowie in der Sanierung beim Austausch
des Wärmeerzeugers mehr vorgesehen.

*Hinsichtlich der Kreislaufwirtschaft werden die Subthemen Entsorgung und Kreis-
lauffähigkeit im Kapitel Baustoffe und Konstruktion behandelt. Die relevanten*

Kriterien sind seit 2017 der Entsorgungsindikator und die Kreislauffähigkeit
inklusive Rückbaukonzept, die 2020 neu zum Kriterienkatalog hinzugefügt wurden. Beim Bau eines Gebäudes sind erhebliche Materialressourcen erforderlich,
die im Zuge der Bewertung im Rückbaukonzept hinsichtlich stofflicher und
abfallwirtschaftlicher Aspekte betrachtet werden sollen (BMK 2022). Da das
Kriterium sehr neu ist, gibt es nur wenige Vergleichsgebäude. Sinnvoll ist, ein
Rückbaukonzept bereits während der Planungsphase eines Gebäudes zu erstellen.
Klimawandelanpassungsmaßnahmen sowie der Einsatz umweltfreundlicher Produkte werden mit erhöhten Punkten berücksichtigt. Außerdem ist der Einsatz von
klimaschädlichen Baustoffen in klimaaktiv Gebäuden nicht mehr zulässig.

Der klimaaktiv Gebäudestandard wird laufend nach dem open Source Prinzip
weiterentwickelt und steht Anwender:innen kostenlos und frei zur Verfügung. Zu
den zertifizierten Gebäuden werden jeweils wesentliche Kennwerte veröffentlicht.

ÖGNI/DGNB
Die ÖGNI (Österreichische Gesellschaft für Nachhaltige Immobilienwirtschaft)
kooperiert mit der DGNB (Deutsche Gesellschaft für Nachhaltiges Bauen sowie
auch Deutsches Gütesiegel für nachhaltiges Bauen). In Österreich wird unter
Beachtung nationaler Normvorgaben eine Adaptierung des DGNB-Systems zur
Zertifizierung von Wohn- und Bürogebäuden, Bildungsgebäuden, Industriegebäuden und Hotels angewendet (ÖGNI 2022). Bewertete Hauptthemen in Anlehnung
an das Gebäudebewertungssystem der DGNB:

- Ökologie
- Ökonomie
- soziokulturelle und funktionale Aspekte
- Technik
- Prozesse
- Standort

Die Kriterien werden je nach Gebäudetyp unterschiedlich gewichtet – so erhält
jede Systemvariante eine eigene Gewichtungsmatrix, die auf die stoffliche, konstruktive und planerische Ebene sowie eine Produktverantwortung eingeht. Um
die notwendigen Nachweise bei der Gebäudebewertung zu verringern, wird die
Bewertung basierend auf Regelbauteilen, Bauteile die einen gleichen Aufbau
sowie Konstruktion aufweisen, durchgeführt.

Da beim Bewertungssystem von Anfang an der Lebenszyklusgedanke zählte,
werden neben ökologischer Aspekte des „green building" auch ökonomische und

sozio-kulturelle Themen miteinbezogen. Zu den zentralen Nachhaltigkeitsaspekten gehören:

* verantwortungsvolle Umgang mit Ressourcen
* lebenszyklusorientierte Planung von Gebäuden
* Rückbau- und Recyclingfreundlichkeit
* Verzicht auf kritische Inhaltsstoffe (DGNB 2023)

Seit 2020 werden auch kreislaufrelevante Aspekte vermehrt in der ÖGNI/DGNB verankert bzw. im Zuge der Zertifizierung höher gewichtet. Dabei verbessert sich durch Wiederverwendung, Recycling und Verzicht auf den Einsatz materieller Ressourcen die Bewertung der Ökobilanz des Gebäudes, wobei zirkuläre Lösungen mit Bonuspunkten belohnt werden. Somit kann durch zirkuläre Ansätze in der Planung und Realisierung eines Gebäudes, bereits mehr als ein Drittel des Gesamterfüllungsgrads für eine ÖGNI/DGNB-Zertifizierung erreicht werden. Zu den ÖGNI/DGNB-Kriterien in Neubau und Sanierung:

* Ökobilanz des Gebäudes
* Bewertung der Risiken für die lokale Umwelt
* verantwortungsbewusste Ressourcengewinnung
* gebäudebezogenen Kosten im Lebenszyklus
* Flexibilität und Umnutzungsfähigkeit
* Rückbau- und Recyclingfreundlichkeit

Mit dem 2020 eingeführten DGNB-System für nachhaltigen Gebäuderückbau lässt sich erstmals auch die nachhaltige und zirkuläre Umsetzung eines Rückbaus von Gebäuden oder Gebäudeteilen im Rahmen einer Zertifizierung bewerten. Neben der sortenreinen Trennung von Abfällen oder der Wiederverwendung von Materialien, stehen auch Themen wie Gefahrstoffsanierung, Risikobewertung und Kostensicherheit im Fokus. Zu den DGBN-Kriterien im Rückbau zählen die Materialstrombilanz, Gefahrstoffsanierung, Risikobewertung und Kostensicherheit, Werte ausbaufähiger Ressourcen, Verwertung und Entsorgung, sortenreine Trennung und Kreislaufführung sowie Rückbauplanung.

Die Änderungen und Priorisierungen hinsichtlich Kreislaufwirtschaft wurden national durch die ÖGNI noch nicht vollständig umgesetzt.

Die Gebäudebewertung der DGNB/ÖGNI Zertifizierung ist abhängig vom Gesamterfüllungsgrad, d. h. bei 50 % wird das Gütesiegel in Bronze, ab 65 % in Silber und ab 80 % in Gold verliehen.

3.2.2   Internationale Gebäudezertifizierungssysteme

EU GreenBuilding
Das Zertifizierungssystem „EU GreenBuilding" stellt eine Auszeichnung von Energieeffizienzmaßnahmen im Nichtwohnbau und Dienstleistungssektor dar und gilt so als Anreizsystem für Bauherr:innen und Eigentümer:innen zur Umsetzung rentabler Investitionen. Im Zuge der Zertifizierung müssen

- 25 % Energieeinsparung im Vergleich zur Bauordnung bei Neubauten bzw.
- 25 % Einsparung im Vergleich zum Bestand bei Sanierungen nachgewiesen werden

BREEAM – BRE's Environmental Assessment Method
BREEAM, als eines der ältesten Zertifizierungssystemen aus den 1980iger Jahren, vergibt nach der Prüfung der Gebäudeperformance hinsichtlich einer Reihe ökologischer Faktoren ein Gütesiegel. Bewertet werden die Umweltauswirkungen des Gebäudes auf globaler, regionaler und lokaler Ebene.

Durch das Bewertungssystem können eine Vielzahl an Systemvarianten darunter Wohnhausanlagen, Bürogebäude, Industriebauten, Schulen, Gesundheitseinrichtungen, Gefängnisse, Hotels, Einfamilienhäuser, Wohnbausanierungen, etc. bewertet werden.

Die Bewertung erfolgt nach 9 Kategorien: Management, Energie, Gesundheit und Komfort, Verschmutzung, Transport, Flächenbedarf, Ökologie, Materialien und Wasser inklusive Untergliederungen. Pro Kategorie werden Punkte vergeben, die durch Kombination und unterschiedlicher ökologischer Gewichtungen einen Gesamtpunktezahl ergeben (Florit 2011).

Im Zuge des Zertifizierungssystems wird kein Fokus auf Kreislaufwirtschaft gesetzt, wobei jedoch einige Subkriterien v. a. hinsichtlich der Materialität relevante Kreislaufwirtschaftsaspekte berücksichtigen.

Gebäude werden anhand der Bewertungsergebnisse in „Good", „Very Good", „Excellent" und „Outstanding" unterteilt. Die maximal mögliche Punktezahl beträgt 100, für eine Auszeichnung nach dem BREEAM System, müssen 85 % der Kriterien erfüllt sein.

LEED – Leadership in Environmental & Energy Design
LEED, als das verbreitetste Gebäudezertifizierungssystem weltweit, startete 1993 in den USA und ist ein Schwerpunktprogramm des US Green Building Councils (USGBC), unterstützt durch einer breiten Akteursplattform aus der Bauwirtschaft

und öffentlichen Hand. Die LEED-Bewertung umfasst eine Reihe von Bewertungssystemen für Planung, Bau, Betrieb und Instandhaltung von ökologischen Gebäuden, Wohngebäuden oder Wohnvierteln und berücksichtigt dabei sowohl energetische als auch ökologische Grundsätze. Die Zielsetzung des Bewertungssystems ist eine Standardisierung im Bereich „Green Building", um damit „gesünder" und ressourcenschonender zu bauen, weswegen das System oft von internationalem Investor:innen bevorzugt wird.

Als Bewertungsgrundlage dienen sieben Kategorien inklusive Einzelkriterien unterteilt in eine nachhaltige Landschaftsplanung, Wasser, Energie und Atmosphäre, Materialien und Ressourcen, Innenraumqualität und Innovation und Planungsprozess sowie Regionalität. Als Unterscheidung zum BREEAM Gebäudebewertungssystem muss im Zuge der LEED-Zertifizierung die Einhaltung amerikanischer Richtlinien und Normen nachgewiesen werden.

Um eine LEED-Zertifizierung zu erlangen, müssen die Mindestanforderungen sowie eine bestimmte Anzahl an Punkten erreicht werden. Von den maximal möglichen 110 Punkten kann eine Zertifizierung in vier Stufen erreicht werde, Certified erfordert 40 Punkte, Silver 50 Punkte, Gold 60 Punkte und Platinum 80 Punkte (LEED 2023).

3.3   Bewertung der Kreislaufwirtschaft in Gebäudezertifizierungssystemen

Zur Beurteilung der Kreislauffähigkeit in Gebäudezertifizierungssystemen wählen die Institutionen verschiedene Herangehensweisen. Die Prinzipien nachhaltigen Bauens sind seit 2008 in der internationalen Norm ISO 15392 nach dem Drei-Säulen-Modell (Ökonomie, Ökologie, Soziales) festgeschrieben, wobei in der Nachhaltigkeitsbewertung noch immer große Unterschiede aufgrund der Systemgrenzen bestehen. Die meisten am Markt befindlichen Gebäudezertifizierungssysteme verfolgen den Grundsatz, keine bestimmten Maßnahmen zu fördern, sondern die Gebäudeperformance, d. h. die Leistungsfähigkeit eines Gebäudes über den Lebenszyklus zu verbessern. Dabei sind die wesentlichen Umweltwirkungen, darunter Emissionen und Primärenergiebedarf des zu zertifizierenden Gebäudes in der Ökobilanz abzubilden.

Zur Bewertung der Nachhaltigkeit von Gebäuden nach DIN EN 15978, gehören dabei die Einzelmodule Herstellungs- und Errichtungsphase, Nutzungsphase und Entsorgungsphase. Das Potenzial für Wiederverwertung, Rückgewinnung und Recycling liegt laut Norm außerhalb des Gebäudelebenszyklus weshalb es außerhalb der Systemgrenzen im Modul Vorteile und Belastungen bewertet wird.

Bei Anwendung der meisten Gebäudezertifizierungssysteme hat die Bewertung der Ökobilanz anhand der DIN EN ISO 14040 bzw. DIN EN ISO 14044 zu erfolgen. Eine Ökobilanz umfasst demnach vier Elemente, darunter die Definition von Ziel und Untersuchungsrahmen, die Sachbilanz, die Wirkungsabschätzung sowie eine Auswertung. Generell können dabei zwei Grundsätze befolgt werden:

* medienübergreifende Betrachtung – relevante potenzielle Schadwirkungen auf die Umweltmedien Boden, Luft, Wasser
* stoffstromintegrierte Betrachtung – Stoffströme, die mit dem betrachteten System verbunden sind (Rohstoffeinsätze und Emissionen aus Ver- und Entsorgungsprozessen, aus der Energieerzeugung, aus Transporten und anderen Prozessen)

Im Unterschied zur Ökobilanz, die sämtliche Umweltwirkungen betrachtet, werden beim CO_2-Fußabdruck (Carbon Footprint) und beim Wasserfußabdruck (Water Footprint) nur die jeweilige Umweltwirkung beachtet. Problematisch bei der Durchführung von Gebäude-Ökobilanzen sind häufig die eingeschränkte Verfügbarkeit geeigneter Daten.

Die Durchführung einer Stoffstromanalyse als Verfahren um Stoff- und Materialströme zu erfassen ist im Gegensatz dazu nicht nach internationalem Standard genormt weshalb zahlreiche Methoden, die sich je nach Fragestellung, Erkenntnisinteresse und Untersuchungssystem unterscheiden, zur Anwendung kommen (UBA 2013).

Unterstützt wird die Ökobilanzierung v. a. in der Entwurfsphase mittlerweile häufig durch den Einsatz von Building Information Modeling (BIM)-Werkzeugen. Aktuelle Ansätze konzentrieren sich dazu entweder auf den Einsatz von BIM zusammen mit weiteren Programmen oder als ausschließliche Nutzung für eine automatische Mengenermittlung.

BIM dient zudem als wichtiges Dokumentationswerkzeug durch das Wiederverwendungs- und Recyclingpotenzial von Materialien und Elementen in Bauwerken in der End-of-Life Phase erhöht werden können.

3.4 Aktuelle Entwicklungen

Sowohl national als auch international wird ein erhöhtes Augenmerk auf Kreislaufwirtschaft nach dem Cradle-to-Cradle Prinzip gelegt.

Das Ziel besteht darin, eine „gemeinsame europäische Sprache" für die gesamte Wertschöpfungskette des Sektors zu schaffen, die zum Aufbau von

Datenbanken, zur Versachlichung der Debatte und zur Ergreifung adäquater Maßnahmen beitragen kann (EU Commission 2023). Wie unter Abschn. 3.2 dargestellt, wurden bestehende (inter-)nationalen Zertifizierungssysteme bereits an die geänderten Anforderungen hinsichtlich Kreislaufwirtschaft angepasst. Der bisherige Fokus dieser Systeme lag v. a. auf der Bewertung der Energieeffizienz und verschiebt sich damit in Richtung Ressourcenschonung.

Die Adaptierung der ÖGNI/DGNB-Kriterien hinsichtlich Kreislaufwirtschaft sowie die Entwicklung des Ressourcenpasses stellen hierfür Beispiele dar. Der Entwurf zum Gebäuderessourcenpass wurde im November 2021 von der Deutschen Bundesregierung angekündigt und 2023 final veröffentlicht. Es werden dabei Maßnahmen definiert, die eine Grundlage schaffen, um den Einsatz grauer Energie sowie die Lebenszykluskosten verstärkt zu betrachten und so die Kreislaufwirtschaft im Gebäudebereich zu forcieren. Der Ressourcenpass der DGNB orientiert sich am bereits etablierten Energieausweis. Darin sind individuell für jedes Gebäude wesentliche Informationen zum Ressourcenverbrauch, Klimawirkung und Kreislauffähigkeit transparent angegeben und es lassen sich relevante Informationen über zur Verfügung stehende sowie verbaute Ressourcen in verschiedenen Szenarien wie Urban Mining, Sanierung und Abbruch bestmöglich daraus generieren.

Generell ist es notwendig bzw. wird erwartet, dass sich bestehende Zertifizierungssysteme in der Definition von Kriterien und Parameter noch weiter in Richtung Kreislauffähigkeit von Neubauten, Bestandsgebäuden bis hin zu Quartieren entwickeln. Künftig werden Ressourceneinsatz, die Rückbaufähigkeit und Wiederverwendbarkeit als gesamtheitlicher Betrachtungsansatz für die Bauindustrie sowie Immobilienbranche eine zentrale Rolle spielen. Wesentlich beeinflusst wird künftig die Gebäudegestaltung die von der Materialienverfügbarkeit und Rohstoffen als Baustoff und daraus geänderten Produktdesigns abhängen wird.

Eine forcierte Entwicklung in Richtung Ressourcenschonung, Abfallvermeidung und Langlebigkeit von Komponenten und Gebäuden wird damit einen langfristigen Beitrag zum Klimaschutz leisten.

Literatur

(BMK) Bundesministerium Klimaschutz, Umwelt, Energie, Mobilität, Innovation und Technologie. (2022) Ressourcennutzung in Österreich. https://www.bmk.gv.at/themen/klima_umwelt/abfall/Kreislaufwirtschaft/strategie.html. Zugegriffen: 9 November 2022

DGNB (2023) Zirkuläres Bauen im DGNB System. https://www.dgnb.de/de/nachhaltiges-bauen/zirkulaeres-bauen/im-dgnb-system. Zugegriffen: 12 September 2022

European Commission (2023), Level(s) European framework for sustainable buildings. https://environment.ec.europa.eu/topics/circular-economy/levels_en. Zugegriffen: 23 Februar 2023

Figel H., Bauer B. (2022). Gebäudezertifikate im Überblick, https://weissmagazin.at/itrfile/_1_/c7791d768750c2d5fde77b5d10292542/WEISS%202-2022%20Sonderausgabe%20Geb%C3%A4udezertifizierung.pdf. Zugegriffen: 11 Dezember 2022

Florit C. (2011). Gebäudezertifizierungssysteme im. Vergleich – wohin geht die Reise? https://www.forum-holzbau.com/pdf/ibf11_florit.pdf. Zugegriffen: 8 November 2022

klimaaktiv (2016). Gebäudebewertungs-Systeme im Vergleich Version 10/2016. https://www.klimaaktiv.at/dam/jcr:18b9fcbe-dc91-42c1-840f-fe770616b269/Geb%C3%A4udebewertungssysteme%20im%20Vergleich_2016_end.pdf. Zugegriffen: 20 August 2022

LEED (2023). LEED rating system. https://www.usgbc.org/leed. Zugegriffen: 2.Mai.2023

Leindecker, H. C. (2021). Entsorgung und Kreislauffähigkeit von Gebäuden in klimaaktiv, 2021. https://pure.fh-ooe.at/ws/portalfiles/portal/35444886/Beitrag_e_nova_hcl.pdf. Zugegriffen: 12.November.2022

ÖGNI (2022). Österreichische Gesellschaft für nachhaltige Immobilienwirtschaft. https://www.ogni.at/leistungen/zertifizierung/gebaeudezertifizierung/. Zugegriffen: 3 November 2022

(TU Wien) Technische Universität Wien (2020). Lehrmaterialien zu Kreislaufwirtschaft und Abfallvermeidung im Baubereich https://www.tuwien.at/index.php?eID=dumpFile&t=f&f=126876&token=dd9beaf21fd6ef976ad3b743ec7a2b3d84f075ce. Zugegriffen: 11 Oktober 2022

(UBA) Umweltbundesamt (2013). Stoffstromanalyse. https://www.umweltbundesamt.de/stoffstromanalyse. Zugegriffen: 10 November 2022

Schlüsselbereich Digitalisierung

4

Die Transition einer linearen Bauwirtschaft mit Ressourcenverbrauch zu einem zirkulären System der Ressourcennutzung und -Wiederverwendung erfordert neue Strategien, Regulatorien, Prozesse, Produktdesigns und Geschäftsmodelle. Es fordert ein Zusammenwirken aller am Bauprozess beteiligten Stakeholder vom Hersteller, Planer und Errichter bis zum Betreiber, inkl. Rückbau. Zur Förderung der Kreislaufwirtschaft im Bauwesen wurden vom Umweltbundesamt zehn Schlüsselbereiche identifiziert (UBA 2021, S. 5):

1. Integrale Planung
2. Baustoffwahl
3. Rückbaubarkeit
4. gesamthafte LCA
5. Betrachtung der Gebäude als Materiallager
6. Betrachtung der Stoffströme auf der Baustelle
7. neue Geschäftsmodelle
8. rechtliche Rahmenbedingungen
9. Wissensvermittlung
10. Stoffströme auf der Baustelle

Eine Gemeinsamkeit aller Schlüsselbereiche ist die Digitalisierung der gesamten Wertschöpfungskette. Die Darstellung und Bewertung verbauter Materialien und Informationen über Materialflüsse und die Zusammensetzungen ist ein wesentlicher Beitrag zur Entwicklung einer funktionierenden Kreislaufwirtschaft. Da große Datensätze kontinuierlich gepflegt und mit verschiedensten Stakeholdern

M. Gebetsroither et al., *Paradigmenwechsel in Bau- und Immobilienwirtschaft,* essentials, https://doi.org/10.1007/978-3-662-68276-0_4

geteilt werden müssen, ist eine digitale Datenverwaltung zwingende Voraussetzung (Heinrich und Lang 2019, S. 47). Die Kombination von geometrischen
und alphanumerischen Daten macht die Anwendung von Building Information
Modelling (BIM) dabei zu einem idealen Datenspeicher. Die digitale Repräsentation von verbauten Materialien kann eine bessere Verfolgung, Überwachung und
Optimierung des Ressourcenverbrauchs ermöglichen.

Als Dokumentation und Planungswerkzeug für die Nachverfolgung relevanter
Bauteil- und Materialinformationen wurde in den letzten Jahren das Instrument
des Materiellen Gebäudepasses (Heinrich und Lang 2019, S. 5) entwickelt. Ein
Gebäudepass kann Auskunft geben, welche Materialien für die Wiederverwendung und Wiederverwertung geeignet sind, Daten über Umweltauswirkungen
der Baustoffe zur Verfügung stellen und als Entscheidungsgrundlage für die
End-of-Life-Optionen von Baumaterialien sowie in der Planungsphase als Opti-
mierungstool dienen. Auf Basis dieser Daten können Bauexperten fundierte
Entscheidung über den nachhaltigen Einsatz von Materialien treffen. Dies kann
zur Förderung einer nachhaltigen Beschaffung sowie zur Reduzierung von Abfällen beitragen und die Umweltauswirkungen des Bauens minimieren. Digitale
Gebäudepässe kommen z. B. bereits in den Niederlanden, Deutschland und
Großbritannien zum Einsatz. In Österreich gibt es trotz bestehender Bewertungssysteme bislang keine standardisierten und skalierbaren Methoden, mit denen die
Kreislauffähigkeit von Gebäuden transparent und dynamisch über den Lebenszyklus abgebildet werden kann. Des Weiteren fehlt es an geeigneten Indikatoren
zur Beschreibung der Kreislauffähigkeit (UBA 2021. S. 22).

Literatur

Heinrich M. & Lang W. (2019). Material Passports – Best practice. https://www.bamb2020.
   eu/wp-content/uploads/2019/02/BAMB_MaterialsPassports_BestPractice.pdf. Zugegriffen: 13 Juli 2022
(UBA) Umweltbundesamt, Achatz A., Margelik E. Romm T. Kasper T., Jäger D. (2021)
   Kreislaufbauwirtschaft. https://www.umweltbundesamt.at/fileadmin/site/publikationen/
   rep0757.pdf. Zugegriffen: 12 Dezember 2022

Digitaler Produktpass als Datengrundlage für den Gebäudepass

5

Neben dem gesamten Gebäude legt die EU den Nachhaltigkeitsfokus auch auf einzelne Produkte. Ihre Kreislaufwirtschaftsstrategie zielt unter anderem darauf ab, diese über ihren gesamten Lebenszyklus möglichst nachhaltig zu gestalten. Umweltfreundliche, kreislauffähige, energieeffiziente und transparente Produkte sollen am europäischen Markt zur Norm gemacht werden. Ein zentrales Element der neuen vorgeschlagenen Ökodesignverordnung ist ein digitaler Produktpass, welcher eine einfache Informationsabfrage umweltrelevanter Daten ermöglichen sollte.

Neue Rahmenbedingungen der EU
Am 1. März 2022 wurden neue Gesetzesvorschläge präsentiert, die einen Großteil der Produkte abdecken werden. Die bestehende Ökodesign-Richtlinie (EU-Kommission 2009) sowie weitere Verordnungen zu Batterien, Verpackungen, Chemikalien und Bauprodukten wurden überarbeitet und erweitert.

Die neue Ökodesignverordnung (ESPR)
Der Grundgedanke der neuen Ökodesign Verordnung für nachhaltige Produkte (Ecodesign Requirements for Sustainable Products Regulation – ESPR) (EU-Parlament und Rat 2009) ist, dass 80 % der späteren Umweltauswirkungen eines Produkts bereits in der Designphase bestimmt werden. Daher ist es umso wichtiger, bereits von Anfang an ökologische Nachhaltigkeitsaspekte zu berücksichtigen. Die ESPR wird maßgeblich dazu beitragen, Emissionen, Ressourcenverbrauch sowie die Ressourcenabhängigkeit der EU von anderen Nationen zu reduzieren. Die neue ESPR deckt mit wenigen Ausnahmen (z. B. Lebensmittel)

© Der/die Autor(en) 2024
M. Gebetsroither et al., *Paradigmenwechsel in Bau- und Immobilienwirtschaft*,
essentials, https://doi.org/10.1007/978-3-662-68276-0_5

grundsätzlich alle Produkte und Sub-Komponenten ab und bietet einen allgemeinen Rahmen für Ökodesign Anforderungen, welche für jede Produktkategorie wie schon in der jetzigen Ökodesign Verordnung in separaten Gesetzen produktspezifisch festgelegt werden, z. B. Verordnung für Kühlschränke (EU-Kommission 2019). Für Verpackungen, Chemikalien und Bauprodukte werden die Anforderungen der ESPR in die aktuell vorhandenen Gesetze integriert, wobei bereits eine Überarbeitung der Bauprodukteverordnung (New Construction Products Regulation – CPR) als Draft (EU-Kommission 2022a) vorliegt. In Abb. 5.1 wird die ESPR und die dazugehörigen Gesetze schematisch dargestellt (EU Commission 2022a).

Kernanforderungen der ESPR
Nachfolgend werden die Kernanforderungen der ESPR (University of Cambridge und Wuppertal Institute 2022) aufgelistet, wobei auf den digitalen Produktpass im Folgenden noch näher eingegangen wird.

- Performance requirements: Produktanforderungen an Nachhaltigkeit wie z. B. Reparierbarkeit, Wiederverwendbarkeit, vorgeschriebener Anteil an Recyclingmaterial
- Informationsanforderungen: Verpflichtende Angaben von Produktinformationen, wie z. B. Betriebsanleitung oder Demontageanleitung, Angabe über das Treibhauspotenzial, Angabe über den Anteil von Recyclingmaterial, Angabe besorgniserregender Stoffe (SVHCs) etc.
- Digitaler Produktpass (DPP): Einführung eines digitalen Informationssystems, das alle relevanten Informationen zum Produkt sammelt, welche in den Informationsanforderungen festgelegt werden,
- Rückverfolgbarkeit besorgniserregender Stoffe: Mithilfe der ESPR sollen besorgniserregende Stoffe (SVHCs) durch die gegebene Datengrundlage einfacher rückverfolgbar sein.
- Etikettierungsanforderungen: Verpflichtende Anforderungen an Produktetikettierung, die z. B. in Form einer Punkteskala dem Konsumenten zu einer nachhaltigen Kaufentscheidung helfen sollte
- Verpflichtende Kriterien für die öffentliche Beschaffung: Verpflichtende Kriterien für eine nachhaltige öffentliche Beschaffung, insbesondere ökologische Kriterien
- Vermeidung und Verhinderung der Vernichtung von unverkauften Produkten: Nachweispflicht über Art, Menge und Verbleib unverkaufter Produkte, sowie Begründung für deren Entsorgung, mögliche Einführung eines Entsorgungsverbots für bestimmte Produkte

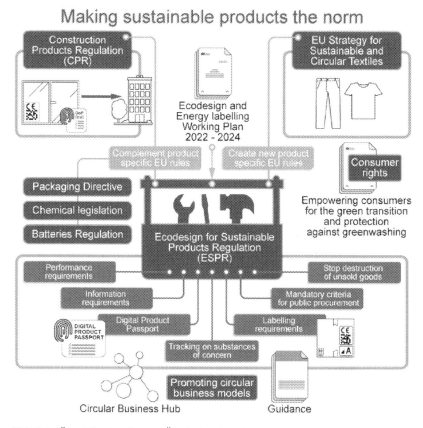

Abb. 5.1 Übersicht über die neue Ökodesign Verordnung für nachhaltige Produkte und den dazugehörigen Gesetzen

Digitaler Produktpass

Eine der zentralen Vorschriften der neuen Ökodesign Verordnung ist eine verbesserte und transparentere Produktinformation für Verbraucher/Stakeholder. Dies wird vor allem über sogenannte digitale Produktpässe (DPP) erfolgen, welche für alle geregelten Produkte verpflichtend vorgeschrieben werden. Der DPP soll als interoperables, dezentrales System mit einer zentralen Informationsdatenbank dienen und den administrativen Aufwand verringern. Über den digitalen Produktpass soll zudem die Rückverfolgbarkeit von Produkten entlang der Supply Chain sichergestellt werden.

Information flow in a linear economy:

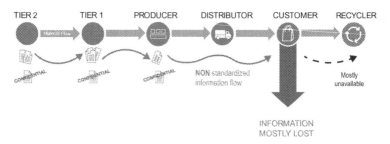

Abb. 5.2 Informationsverlust in der Linearen Wirtschaft

Abb. 5.2 verdeutlicht die Notwendigkeit eines besseren Informationsflusses für Produkte. Derzeit sind Materialflüsse bei den Zulieferern, sei es Tier 1 oder Tier 2, streng vertraulich oder Herstellerdaten sind nicht verfügbar. Falls Daten verfügbar sind, werden sie in einer nicht standardisierten Form an den Konsumenten kommuniziert. Informationen zu den Recylingeigenschaften eines Produktes sind in den meisten Fällen nicht vorhanden.

Desweiteren soll die Überprüfbarkeit der Produktkonformität für den EU-Raum erleichtert werden. Für das DPP-System wird es ein horizontales Regelwerk aus Normen und Protokollen geben, das für alle Produkte gilt und z. B. Regeln für Datensicherheit, Zugriffsrechte, Datenspeicherung, Rückverfolgbarkeit festlegt.

Die produktspezifischen Datenanforderungen für das DPP-System werden in den delegierten Rechtsakten der ESPR festgelegt. Diese fordern z. B. die Global Trade Identification Number (GTIN), die Konformitätserklärung, eine Information über den Hersteller, Angaben über den ökologischen Fußabdruck des Produkts, den Recyclinganteil eines bestimmten Materials oder aber auch die Verknüpfung mit bestehenden Environmental Product Declarations (EPDs).

Diese Daten können dabei helfen, umweltbewusstere Kaufentscheidungen zu treffen, Reparaturen zu erleichtern, Produkte effizienter zu recyceln. Generell werden dadurch kreislaufkonforme Geschäftsmodelle gefördert. Im DPP werden Daten gesammelt, welche z. B. für zukünftige Sortier- und Recyclingprozesse entscheidend sind. Mit dem DPP können Recyclingunternehmen sicherzustellen, dass die angelieferten Produkte frei von Verunreinigungen sind (EU-Kommission 2011).

Die neue Bauprodukteverordnung
Auch für die bestehende Bauprodukteverordnung Nr. 305/2011 (EU-Commission 2022b) liegt bereits ein Gesetzesvorschlag (Construction Products Regulation – CPR) vor. Diese sollte neben Sicherheitsaspekten und der Sicherstellung des Binnenmarkts in der EU auch Rücksicht auf Nachhaltigkeit von Bauprodukten nehmen und die digitale Transformation der Wirtschaft unterstützen.

Dazu wurden vor allem die genannten Anforderungen der ESPR in die CPR mitaufgenommen:

Im Anhang I Abschnitt C des neuen CPR-Entwurfs (EU-Commission 2022c) werden Anforderungen an die ökologische Nachhaltigkeit definiert. Folgende umweltrelevante Punkte werden unter anderem in der neuen Bauprodukteverordnung gefordert (EU-Kommission 2022b):

- umweltgerechtes Design und Herstellung von Produkten und Verpackung nach dem Stand der Technik. Bevorzugung von recyclierbaren Material und Rezyklaten
- Berücksichtigung von Mindestanforderungen an Recyclatgehalten und anderen Aspekten der ökologischen Nachhaltigkeit Informationen zur Nutzung und Reparatur von Produkten
- Design, das die Wiederverwendung, die Wiederaufbereitung und das Recycling begünstigt

Im Abschnitt D werden Informationsanforderungen definiert, wie z. B. Angabe des Global Warming Potentials (GWP) des Produktes. Für Bauprodukte gibt es großteils bereits EPDs, in welchen die Umweltauswirkungen durch eine Öko-bilanz bewertet werden. Deshalb wird der Mehrwert durch die Einführung von DPPs nicht in der Abbildung von Umweltauswirkungen, sondern mehr in der Verbesserung der Kreislauffähigkeit liegen.

(EU-Commission 2022d).
Die bestehenden harmonisierten Spezifikationen der aktuellen CPR gelten längstens bis 2045 und werden bis dahin schrittweise von den harmonisierten Spezifikationen der neuen CPR mit einer Übergangsfrist von einem Jahr abgelöst. Produkte, welche nach der aktuellen CPR entwickelt wurden, dürfen dann noch maximal 10 Jahre verkauft werden, die ausgestellten Produkt Zertifikate sind nur noch 5 Jahre gültig (DIBt 2021). Nach Abstimmung der EU-Mitgliedstaaten wurde ein Zeitplan zur Erarbeitung produktspezifischer Anforderungen erstellt. Der Katalog zu Betonfertigteilen und Metallbauteilen ist beispielsweise bereits

auf der Zielgeraden, jener für Bewehrungsstahl, Fenster und Türen ist auch bereits in Ausarbeitung (EU-Commission 2022d).

Von digitalen Produktpässen zum Gebäudepass
Mit der Verpflichtung eines digitalen Produktpasses für alle Bauprodukte, wird die Umsetzung des Gebäudepasses, für den noch keine Verpflichtung geplant ist, deutlich erleichtert. Die Anforderungen, die an diesen gestellt werden, decken sich zum Großteil mit jenen des digitalen Produktpasses, nur auf Gebäudeebene. So kann auf Materialzusammensetzungen oder auf Sekundäranteile der einzelnen Bauprodukte zurückrückgegriffen und ein Gesamtbild auf Gebäudeebene erstellt werden. Mit den Demontageanleitungen der Bauprodukte und den in der Bauwerksdatenmodellierung (BIM) dargestellten Verbindungen der einzelnen Bauprodukte, kann eine Rückbauanleitung erstellt werden.

Literatur

(DIBt) Deutsches Institut für Bautechnik (2021). Überarbeitung der Bauproduktenverordnung und Acquis-Prozess – ein Zwischenstand.
European Commission (2022a) „New Construction Product Regulation 2022 DocsRoom – European Commission (europa.eu). Zugegriffen 12 Mai 2022
European Commission (2022a), „Proposal for a regulation of the european parliament and of the council establishing a framework for setting ecodesign requirements for sustainable products and repealing Directive 2009/125/EC," 2022; Available from: https://eur-lex. europa.eu/legal-content/DE/TXT/PDF/?uri=CELEX:52022PC0142R(01)&from=EN. Zugegriffen: 12.11.2022
European Commission (2022b), Vorschlag für eine Verordnung des Europäischen Parlaments und des Rates zur Festlegung harmonisierter Bedingungen für die Vermarktung von Bauprodukten, zur Änderung der Verordnung (EU) 2019/1020 und zur Aufhebung der Verordnung EU Nr. 305/2011 https://eur-lex.europa.eu/legal-content/DE/TXT/HTML/?uri= CELEX:52022PC0144 Zugegriffen: 28.11.2022
European Commission (2022c). „Questions & Answers: Revision of the Construction Products Regulation," 2022. https://ec.europa.eu/commission/presscorner/detail/en/ QANDA_22_2121. Zugegriffen: 2 Dezember 2022
European Commission (2022d), Construction Products Regulation acquis. https://single-mar ket-economy.ec.europa.eu/sectors/construction/construction-products-regulation-cpr/acq uis_en Zugegriffen: 5.Mai 2022
European Commission (2021), „Construction Products Regulation acquis," 2022. https:// single-market-economy.ec.europa.eu/sectors/construction/construction-products-regula tion-cpr/acquis_en Zugegriffen:5 März 2023
EU-Kommission (2009). Richtlinie 2009/125/EG des europäischen Parlaments und des Rates vom 21. Oktober 2009 zur Schaffung eines Rahmens für die Festlegung von

Anforderungen an die umweltgerechte Gestaltung energieverbrauchsrelevanter Produkte. https://eur-lex.europa.eu/legal-content/DE/TXT/PDF/?uri=CELEX:32009L0125. Zugegriffen: 2 März 2023

EU-Kommission (2011). „Verordnung (EU) Nr. 305/2011 des europäischen Parlaments und des Rates vom 9. März 2011 zur Festlegung harmonisierter Bedingungen für die Vermarktung von Bauprodukten und zur Aufhebung der Richtlinie 89/106/EWG des Rates," https://eur-lex.europa.eu/eli/reg/2011/305/oj Zugegriffen: 3 Dezember 2022

EU-Kommission (2019). Verordnung (EU) der Kommission vom 1. Oktober 2019 zur Festlegung von Ökodesign-Anforderungen an Kühlgeräte gemäß der Richtlinie 2009/125/EG des Europäischen Parlaments und des Rates und zur Aufhebung der Verordnung (EG) Nr. 643/2009 der Kommission. https://eur-lex.europa.eu/eli/reg/2019/2019/oj. Zugegriffen: 30 November 2022

EU-Kommission (2022a), „Mitteilung der Kommission An das Europäische Parlament, den Rat, den Europäischen Wirtschafts- Und Sozialausschuss und den Ausschuss Der Regionen: Nachhaltige Produkte zur Norm machen," 2022. https://eur-lex.europa.eu/legal-content/DE/TXT/HTML/?uri=CELEX%3A52022DC0140 Zugegriffen: 12 November 2022

EU-Kommission (2022b), „Anhänge des Vorschlags für eine Verordnung des Europäischen Parlaments und des Rates zur Festlegung harmonisierter Bedingungen für die Vermarktung von Bauprodukten, zur Änderung der Verordnung (EU) 2019/1020 und zur Aufhebung der Verordnung EU Nr. 305/2011,". https://eur-lex.europa.eu/resource.html?uri=cellar:071ecada-b0cf-11ec-83e1-01aa75ed71a1.0002.02/DOC_2&format=PDF. Zugegriffen: 4 April 2023

Europäisches Parlament und Rat (2009). Proposal for a regulation of the european parliament and of the council establishing a framework for setting ecodesign requirements for sustainable products and repealing Directive 2009/125/EC 2022. https://eur-lex.europa.eu/legal-content/DE/TXT/PDF/?uri=CELEX:52022PC0142R(01)&from=EN. Zugegriffen: 20 Oktober 2022

University of Cambridge Institute for Sustainability Leadership (CISL) and the Wuppertal Institute (2022). „Digital Product Passport: The ticket to achieving a climate neutral and circular European economy?," 2022; Available from: https://epub.wupperinst.org/frontdoor/deliver/index/docId/8049/file/8049_Digital_Product_Passport.pdf Zugegriffen: 3 März 2023

Digitaler Gebäudepass für den Nachweis der Kreislauffähigkeit

6

6.1 Digitaler Gebäudepass

Die Idee eines Gebäudepass wurde zum ersten Mal von Eichstädt im Jahre 1982 für Industriebauten vorgeschlagen. Er beschreibt den Pass als ein Dokument, das Änderungen im Gebäude nachverfolgt und somit eine qualitative Bewertung von Industriegebäuden ermöglicht (Eichstädt 1982, S.177–181). Ein weiterfolgendes Pionierprojekt ist „PILAS" (Markova und Rechberger 2011), welches eine Methodik zur qualitativen und quantitativen Dokumentation von Gebäude-Materialien und eine kreislaufwirtschaftsrelevante Bewertungsmethodik der Materialeffizienz mittels vier Indikatoren der Verfügbarkeit, Rezyklierbarkeit, Eigenversorgung und Scale-up vorstellt. Ein weiteres Beispiel ist von Hansen und Braungart (2012), welches das anthropogene Gebäude-Materiallager als Nährstoffe für zukünftige Bauvorhaben ansieht. Aus den Überlegungen dieser zwei Ansätze ist der BIM-basierte Materielle Gebäudepass der TU Wien (Honic et. al 2019) entstanden. Weitere Beispiele für digitale Gebäudepässe aus der Praxis lauten: Madaster, Building Circularity Passport von EPEA und Orms. Tab. 6.1 gibt eine Übersicht derzeit bestehender Gebäudepässe und Bewertungstools.

Die meisten dieser Ansätze sind noch in Entwicklung oder an der Grenze zur Praxisreife. Bereits zur Anwendung kommen Madaster, EPEA, Construcia und Concular und im Bereich der Forschung der BIM-basierte Materielle Gebäudepass der TU Wien. Eine umfassende Weiterentwicklung der Repositorien, welche Daten für die Ökobilanzierung und die Berechnung der End-of-Life-Performance von Materialien und Elementen bereitstellen ist notwendig. Dabei ist zu beachten, dass unterschiedliche Datenbanken unterschiedliche Bilanzierungsmethoden verwenden. Somit ist die Vermischung der Daten (Öko-Indikatoren) aus mehreren Datenbanken kaum möglich. Die transparente Dokumentation der verwendeten

© Der/die Autor(en) 2024
M. Gebetsroither et al., *Paradigmenwechsel in Bau- und Immobilienwirtschaft,*
essentials, https://doi.org/10.1007/978-3-662-68276-0_6

Tab 6.1 Übersicht Gebäudepässe und Bewertungstools

Bezeichnung	Beschreibung
Buildings as material banks (BAMB)	Konzept zur Erstellung von Materialpässen und Einbindung in digitale Plattformen durch Kennzeichnung digitaler Materialien. Durch umfangreiche Datensammlung wird eine Betrachtung über den gesamten Lebenszyklus ermöglicht. Von der Planung über Bau, bis hin zu Reparaturen, und Renovierungen
Circular economy toolkit (CET)	Bewertungsinstrument, das Verbesserungen der Kreislauffähigkeit von Produkten aufzeigt
Concular	Bietet als Leistung die Bestandserfassung von Gebäuden, Erstellung von Materialpässen und Ökobilanzierung sowie die Vermittlung von freiwerdenden Materialien von Umbau- und Abbruchvorhaben zum Zwecke der Wiederverwendung. Dies geschieht durch Findung geeigneter Matches von Angebot und Nachfrage. (Bau-Material-Tinder)
Construcia	Mit Lean2Cradle ist Construcia in der Lage, die beiden wichtigsten negativen Auswirkungen des Bausektors zu reduzieren: die Toxizität von Materialien und die Entstehung von Abfällen. Verschmelzung des Paradigmas der Kreislaufwirtschaft Cradle to Cradle (C2C) mit der Methodik des Lean Managements ermöglicht dies
EPEA Building Circularity Passport	Ein Materialpass als Instrument zur Schaffung von Gebäuden aufbauend auf dem C2C Prinzip, um den Umwelt-Fußabdruck von Baumaterialien bewerten und reduzieren zu können
Gebäuderessourcenpass (DGNB)	Der Gebäuderessourcenpasses der DGNB soll dazu dienen, den Einsatz grauer Energie zu betrachten und zu bewerten, Lebenszykluskosten zu reduzieren sowie Kreislaufwirtschaft im Bauwesen zu fördern
Hera	Konzept des Materialpasses zur Beurteilung des Wiederverwendungspotenzials von Stahlelementen im Bauwesen

(Fortsetzung)

Tab 6.1 (Fortsetzung)

Bezeichnung	Beschreibung
MADASTER	Materialpass-Plattform für die Öffentlichkeit, die als Online-Bibliothek für Materialien in der gebauten Umwelt dient. Madaster nutzt 3D-Scans und Building Information Modelling (BIM), um strukturierte digitale Gebäudemodelle und deren Teilmodelle zu erfassen und Informationen zu speichern
Material circularity indicator (MCI)	Instrument für die Bewertung europäischer Produkte im Hinblick auf eine Kreislaufwirtschaft
ORMS	Anstatt eine Plattform zu schaffen, die Instanzen eines Materials in einem Modell markiert, wird hier der Materialpass als ein Datensatz gesehen, der eine Materialdatenbank liest und eine bidirektionale Verbindung zum BIM-Modell ermöglicht
TU Wien – BIM-basierter Materieller Gebäudepass	Der BIM-basierte Materielle Gebäudepass (MGP) ist eine qualitative und quantitative Dokumentation von Materialien und inkludiert die Bewertung des Wiederverwendungs- und Recyclingpotenzials sowie der Ökobilanz. Der MGP kann in frühen Planungsphasen als Optimierungswerkzeug und in der End-of-Life Phase als Datengrundlage für die Planung des Rückbaus, sowie als Basis zur Erstellung eines digitalen Materialkatasters eingesetzt werden

Datenquellen zur Erstellung von Materiellen Gebäudepässen ist von besonderer Bedeutung, um Nachvollziehbarkeit zu gewährleisten. Ein großes Thema ist auch die Datendurchgängigkeit und Datenverfügbarkeit. Wichtig wäre ein Standard, an dem sich die Praxis orientiert sowie die Offenlegung der Bewertungsmethoden, um Materialpässe vergleichbar zu gestalten. Allgemein erwähnt werden sollte auch, dass die technische Gebäudeausrüstung etwa ein Viertel, bis ein Drittel der grauen Energie eines neuen Gebäudes ausmacht (BFE 2021) und daher unbedingt in Gebäudepässen berücksichtigt werden sollte.

6.2   Unterschiede der Gebäudepässe

Unterscheidungsmerkmale der Gebäudepässe lassen sich in unterschiedliche Kategorien teilen, wie etwa:

- Reifegrad – Praxisreife vs. Konzept
- Anwendung – Materialpass vs. Geschäftsmodell aufbauend auf Materialpass
- Informationsmenge – umfangreiche Datensammlung, Ergebnisausgabe aufbauend auf Bewertungsdurchführung selektierter Daten

Madaster verfügt über eine Alleinstellung am Markt – als einzige kommerzielle Plattform in welcher Materialpässe eingebettet und verwaltet werden. Der Circularity Pass (EPEA) und der BIM-basierte Materielle Gebäudepass (TU Wien) betrachten im Gegensatz dazu ein Einzelgebäude ohne Einbettung in eine Plattform. Die Gemeinsamkeit ist die strukturierte Erfassung der materiellen Zusammensetzung verbauter Elemente und Skalierung auf Gebäudeebene, mit anschließender Bilanzierung der mit Materialverbrauch in Verbindung stehenden Aspekten. Dies sind beispielsweise Indikatoren einer Ökobilanzierung wie CO_2-Emissionen (GWP), Trennbarkeit der unterschiedlichen Materialschichten oder das Recyceln/Verwerten der Materialien. Eine Gemeinsamkeit ist die Nutzung digitaler Technologien und die Möglichkeit BIM-Modelle als Datengrundlage für die Ermittlung der strukturierten Ausgangsinformationen zu erhalten. Diese drei stellen neben dem Gebäuderessourcenpass (DGNB 2023), Construcia und CET die Varianten dar, bei welchen bereits eine hohe Praxisreife erreicht wurde.

Die weiteren angeführten Gebäudepässe stellen Konzepte dar, die derzeit noch in Entwicklung sind. Bezüglich Geschäftsmodell sind Concular und Construcia hervorzuheben. Diese beiden Unternehmen bieten neben einer Erstellung von Materialpässen und einer Gebäudebewertung auf Basis von Materialpässen, aufbauende Leistungen zur Vermittlung von freiwerdenden Materialien bei Umbau- und Abbruchvorhaben zum Zwecke der Wiederverwendung. Dies geschieht durch Matches von Angebot und Nachfrage einerseits gemäß Cradle2Cradle-Ansatz bei Concular und andererseits aufbauend auf Lean2Cradle bei Construcia.

Eine dritte Unterscheidung bezieht sich auf den Datenumfang. Während bei EPEA, Madaster, TU Wien mit einem überschaubaren Dataset gearbeitet wird, ist bei DGNB ein erweitertes Indikatoren-Set vorgesehen. Bei PILAS und MCI gehen die erforderlichen Daten zur Betrachtung von Ressourcenmanagement und Zirkularitätsbewertung über die Gebäudeebene hinaus und es sind Information wie etwa von Material-Reserven, -Verbrauch und Abfallaufkommen erforderlich. Die umfangreichsten Datasets werden bei BAMB und ORMS aufgelistet.

Diese beinhalten Indikatoren, die in einer Kreislaufwirtschaftlichen Betrachtung als überflüssig erscheinen, wie Materialtransparenz und Materialfarbe oder jene, die bereits in bestehende Bewertungskonzepte aufgenommen sind sowie Wärmeleitfähigkeit und U-Wert, welche etwa für Energieausweise erforderlich sind. Die Schaffung solcher umfangreichen, durchgängigen und transparenten Datenbanken erscheint aus derzeitiger Sicht nicht umsetzbar, auch wenn dies vonseiten der EU (siehe auch EU Green Deal) angestrebt ist. Eine Lösung stellt beispielsweise die Bauprodukte-VO dar, mit welcher einheitliche, transparente, interoperable digitale Produktpässe bereitgestellt werden sollen. Durch Verknüpfung dieser Informationen mit Gebäudemodellen ist eine Realisierung in Zukunft denkbar.

6.3   BIM basierter materieller Gebäudepass der TU Wien

Der BIM-basierte materielle Gebäudepass (MGP) der TU Wien wurde im Rahmen des Forschungsprojekts BIMaterial (Honic et al. 2019) entwickelt und berechnet Recycling-Potential und Ökobilanz von Gebäuden basierend auf der Methode des IBO (Österreichisches Institut für Bauen und Ökologie). In frühen Planungsphasen dient der MGP als Optimierungswerkzeug zur Durchführung von Variantenstudien (z. B. Holz vs. Beton). In der End-of-Life Phase dient der MGP als Inventarisierungswerkzeug. BIM ermöglicht die Erstellung von informationsreichen Modellen, welche für die Generierung von MGPs eine wichtige Rolle spielen. Dabei ist die richtige Methode anzuwenden, sodass alle Elemente mit der richtigen Geometrie und Materialität erstellt werden. Wände, Decken, Dächer, etc. werden mehrschichtig modelliert. Die Daten für die Generierung des MGP (z. B.: Recycling-Note) werden im Datenmanagement- und Bewertungstool BuildingOne" eingepflegt – es hat eine bi-direktionale Schnittstelle zu BIM. Diese ermöglicht eine automatisierte Synchronisierung von BIM-Daten und Änderungen im BIM-Modell. Der finale MGP wird ebenfalls im Datenmanagement- und Bewertungstool automatisiert generiert.

6.4   Materielle Gebäudepässe & Energieausweise

Die Erstellung von Energieausweisen erfordert in der Regel einen Bauteilkatalog. In diesem werden alle Bauteile aufgenommen, die zur Berechnung des U-Wertes der thermischen Hülle notwendig sind. Bei einer gesamtheitlichen Bauphysik werden auch jene zum Nachweis von Schallschutz und sommerlicher Überwärmung hinzugefügt. In den letzten Jahren wurde die Leistung des umfassenden

Bauteilkatalogs immer mehr zum Standard, sodass alle Bauteilkataloge direkt von der Architektur in ihre Pläne übernommen werden können. Für den materiellen Gebäudepass werden die Bauteilaufbauten mit den Flächen oder Massen einzelner Materialien multipliziert. Es wäre daher naheliegend, dass der umfassende Bauteilkatalog der Bauphysik auch alle Informationen für eine Baurestmassenermittlung enthält. Die Gebäudegeometrie wird im Energieausweis derzeit nur für die thermische Hülle erfasst. Da viele Softwaretools für Energieausweise aber auch Innenbauteile abbilden können, wäre dies eine große Chance für die Vorbereitung von materiellen Gebäudepässen.

In einem Energieausweis wird zudem auch Haustechnik grob erfasst, insbesonderen die Energieerzeugungsanlagen und, über normierte Abschätzungen, auch die ungefähren Leitungslängen. Für die Erstellung von Materiellen Gebäudepässen sind diese Angaben aber noch zu undetailliert. Die genaue Anzahl von Heizkörpern oder Elektroleitungen wäre notwendig. Eine vergleichende Untersuchung von Baurestmassenermittlung und Energieausweiserstellung (Sustr 2021) ergab zusammenfassend, dass die beiden Felder stark voneinander profitieren könnten und mit den richtigen Anpassungen eine Symbiose in der Software ergeben kann. In Zukunft könnte eine mögliche zusätzliche Leistung für Bauphysiker entstehen oder es ergeben sich durch die Modellerfassung auch für Energieausweisprogramme bessere Schnittstellen.

Literatur

(BFE) Bundesamt für Energie, 2021 (BFE) Bundesamt für Energie (2021). Systemkennwerte Graue Energie Gebäudetechnik https://www.aramis.admin.ch/Default?DocumentID=67175&Load=true. Zugegriffen: 8. Mai.2023

DGNB. (2023) Der Gebäuderessourcenpass der DGNB https://www.dgnb.de/de/nachhaltiges-bauen/zirkulaeres-bauen/gebaeuderessourcenpass. Zugegriffen: 12 Juli 2023

Honic, M., Kovacic, I. and Rechberger, H., 2019. Improving the recycling potential of buildings through Material Passports (MP): An Austrian case study. Journal of Cleaner Production, 217, pp. 787–797. https://doi.org/10.1016/j.jclepro.2019.01.212

Markova, S., & Rechberger, H. (2011). Entwicklung eines Konzepts zur Förderung der Kreislaufwirtschaft im Bauwesen: Pilotprojekt Flugfeld Aspern (PILAS). http://hdl.handle.net/20.500.12708/36858. Zugegriffen: 12 Dezember 2022

Sustr, L. (2021). Analyse und Synergien zwischen Energieausweis und Baurestmassenermittlung für das Abfallmanagement. https://doi.org/10.34726/hss.2021.94646

Rolle der Digitalisierung für kreislauffähiges Bauen

7

7.1 Allgemeines

Wie bereits beschrieben, setzen die regulativen Anforderungen zur Erfüllung kreislauffähigen Bauens und die darauf aufbauenden Gebäudezertifizierungen hohe und komplexe Anforderungen an Nachweisführung und Bauwerksdokumentation. Es ist nötig zu wissen, welche Baustoffe und Materialien, Komponenten und technische Gerätschaften in welchen Mengen, Massen und Qualitätsstandards verbaut sind. Es soll auch nach Jahren der Betriebsführung noch nachweisbar sein, wie die Trennbarkeit und Demontierbarkeit von Schichtaufbauten möglich ist und welchen Anteil an Recyclingmaterial die verbauten Produkte beinhalten. Diese Nachweisführung ist dann effizient, wenn ein Datenmanagement für den gesamten Lebenszyklus (Planung, Bau, Betrieb und Um-/Rückbau) etabliert wird. BIM bietet dafür den großen Vorteil, dass im dreidimensionalen Gebäudemodell eine genaue Modellierung der Bauteil-Schichten erfolgen kann und mit Angabe von Bauteileigenschaften eine semi-automatisierte oder automatisierte Ermittlung der Massen und Mengen möglich ist. Darauf aufbauend kann in den diversen Zertifizierungstools oder digitalen Gebäudepässen eine Ökobilanzierung erfolgen und eine Berechnung des Wiederverwendungs- bzw. Verwertungspotenzials. Auch sind durch Modellinstandhaltung lebenszyklische Veränderungen leicht nachverfolgbar, wodurch der materielle Gebäudepass einfach aktualisiert werden kann.

Da der Taxonomie-Nachweis jährlich erfolgen muss und zukünftig den Großteil aller wirtschaftlich tätigen Unternehmen betrifft, ist eine digitale, transparente Dokumentation des gebauten Zustandes („As-built") mit Abbildung aller Materialien und Bauprodukte dringend angeraten.

© Der/die Autor(en) 2024
M. Gebetsroither et al., *Paradigmenwechsel in Bau- und Immobilienwirtschaft*,
essentials, https://doi.org/10.1007/978-3-662-68276-0_7

7.2 Gebäude As-built-Modell

Die Technischen Prüfkriterien des Umweltziels „Übergang zur Kreislaufwirtschaft" fordert die Beschreibung des Gebäudes As-built anhand elektronischer Hilfsmittel. Die Anforderungen im Sinne der EU-Taxonomie sind bereits technisch für den Bereich der Architektur umsetzbar und werden durch den Einsatz von BIM großteils erfüllt. Auswertungen über produktspezifische Mengen und Massen eines Gebäudes sind mit BIM einfach durchführbar, sofern sie schichtweise modelliert wurden. Aufgrund des erhöhten Arbeitsaufwandes für die Modellierung werden Verbindungsmittel kaum geometrisch in einem BIM-Modell abgebildet. Jedoch gibt es Konstruktionsweisen, bei denen eine genauere Darstellung der Verbindungstechnik im Sinne der Rückbaubarkeit sinnvoll erscheint und auch modelliert werden sollte, z. B. im Stahl-Holzbau. Massivbauten sind hierbei auszunehmen. Zusätzliche Daten zu Recyclinganteilen und Wiederverwertung, etc. können in Attributen angelegt und zur Nachweisführung aus dem 3D-Modell abgeleitet werden. Die Überführung eines As-planned-Modells mit generischen Baustoffangaben in ein As-built-Modell mit produktspezifischen Informationen ist planungsseitig umsetzbar und technisch möglich. Für einen effizienten Ablauf sind Verantwortlichkeiten und Rollen zur Datenbeschaffung, Integration und Qualitätssicherung festzulegen. Aus organisatorischer Sicht muss auch geklärt werden, wie Informationen von Unternehmen, die nicht mit BIM arbeiten, in die Modelle eingepflegt werden. Die Örtliche Bauaufsicht ÖBA könnte dabei zukünftig eine wichtige Schnittstelle für das Nachführen relevanter Informationen und deren Qualitätssicherung einnehmen – vor allem bei der Sicherstellung aller für den Betrieb notwendigen Informationen. Die Durchführung von Laserscans zur Erstellung einer exakten geometrischen Replikation der Gebäude, ist für den Nachweis der EU-Taxonomie nicht ausreichend, außer es werden aus den Punktwolken wirkliche Modelle erstellt und diese mit den notwendigen Attributen der Baustoffe und Produkte versehen. Der 3D-Scan ist trotz des hohen Aufwandes eine sinnvolle Ergänzung – gerade für Baufortschrittsdokumentation, Qualitätssicherung und für gewisse Wartungsanforderungen im Betrieb. Als Datengrundlage für Taxonomie-Nachweise ist der reine Scan und das daraus abgeleitete geometrische Modell jedoch nicht ausreichend. Für die Übergabe eines As-built-Modells ist es notwendig, einen größeren Zeitrahmen anzulegen, da zum Meilenstein „Fertigstellung" die Mängelbeseitigung und Bauübergabe vordergründige Aufgaben sind. Die Qualität der As-built-Dokumentation kann somit durch den üblicherweise hohen Zeitdruck leiden.

Erstellung eines BIM basierten Gebäudepass

Nachfolgend wird die Erstellung eines digitalen Gebäudepasses zum Nachweis kreislauffähigen Bauens mit zwei in Österreich etablierten Anbietern beschrieben. Geprüft wird dabei auch die Eignung von BIM als Datengrundlage.

8.1 Materialpass von Madaster

Madaster wurde als Selbstbedienungsplattform für die Erfassung, Verwaltung und Analyse von Baumaterialien/Baustoffen 2017 in den Niederlanden gegründet. Über Produkt- und Systemdatenbanken werden Informationen zu Baumaterialien mit einem Gebäude verknüpft. Dies ermöglicht die Analyse der Auswirkungen von Materialien und Bauteilen auf die Umwelt. Zusätzlich wird eine Restwerterfassung (NPV) der Rohstoffe im Gebäude sowie eine Vergleichbarkeit der Zirkularität über den eigens entwickelten MZI-Score ausgewiesen. Der Madaster ZI-Score orientiert sich hierbei und der Berechnungsmethode des Material Circularity Indicator (Ellen McArthur Foundation 2010).

Datengrundlage Materialpass
Für die Analyse werden Systemdatenbanken herangezogen, welche aus generischen sowie Hersteller-spezifischen Materialinformationen bestehen. Diese „lebenden Daten Sets" unterliegen einer ständigen Erweiterung. (Madaster 2023a) In Österreich wird im Moment an der Implementierung von weiteren Datenbanken gearbeitet, um den Nutzern die Möglichkeit zu geben, auch für Österreich verifizierte Daten, wie die von ÖkoBAUDAT zu verwenden.[1]

---

[1] DI. Anastasia Wieser (persönliche Mitteilung, 7.Juli.2023).

© Der/die Autor(en) 2024
M. Gebetsroither et al., *Paradigmenwechsel in Bau- und Immobilienwirtschaft*, essentials, https://doi.org/10.1007/978-3-662-68276-0_8

Für die Erstellung des Materialpasses wurden die zwei folgenden Methoden getestet.

Anhand einer Exceltabelle
Der Upload der Materialinformationen auf die Plattform erfolgte mit Excel. So wurden alle relevanten Massen, Volumen und Flächen vorab ermittelt und den jeweiligen Materialgruppen des Gebäudes zugewiesen. Die Genauigkeit der Datenqualität hängt stark von den vom Nutzer angegebenen Informationen ab. Mit Klassifizierungscodes werden die Materialinformationen dann den Gebäudeschichten zugeordnet. Für die Auswertung auf Gebäudeschichtebene (basierend auf dem „Sharing Layers" Modell von Duff Brand) kann aus verschiedenen länderspezifischen Klassifizierungsmethoden gewählt werden – zum einen, in Deutschland die DIN 276, in Österreich die ÖNORM B1801-1 oder die OmniClass. Hier wurde die Klassifizierungsmethode nach ÖNORM B1801-1 gewählt. Zusätzlich können Informationen zur Demontierbarkeit angegeben und ausgewertet werde. Darunter fallen die Verbindungstechniken, Verbindungstypen, Zugänglichkeit der Verbindungen sowie Überschneidungen. Nicht erkannte Materialinformationen können nach erfolgreichem Upload manuell mit den Materialdatenbanken verknüpft werden.

Anhand eines BIM-Modells
Die Auswertung anhand des BIM-Modells ermöglichte anders als bei Excel die automatische Zuweisung der Massen zu den Materialinformationen. Für den Plattform Upload konnte aus dem Datenschema IFC 4, und IFC 2×3 gewählt werden (Madaster 2023b). Um eine erfolgreiche Auswertung auf Gebäudeschichtebenen zu ermöglichen, musste vorab eine Klassifizierungsstruktur (Beispiel siehe oben) bereits im IFC hinterlegt werden. Nach dem Upload können über einen integrierten BIM-Viewer die Elementeigenschaften bis auf die Bauteilebene eingesehen und durch das Modell navigiert werden. Auch hier lassen sich nicht erkannte Materialinformationen manuell nachführen. Zusätzlich erlaubt die Plattform den Upload verschiedener Teil-Modelle zu einem föderierten Modell. Hier können alle Informationen unterschiedlicher Fachdisziplinen zusammenlaufen und es wird die Darstellung einer vollständigen digitalen Repräsentation des Objektes ermöglicht.

Ausgewertet werden können in beiden Fällen:

- Angaben über Massen und Mengen der verbauten Materialien und eine Zusammensetzung je Gebäudeschicht

- Zirkularität: Madaster MZI, Zusammengesetzt aus der Materialherkunft der Lebensdauer und der Materialverwertung inkl. Korrekturfaktor für unbekannte Materialien
- Informationen über Materialströme: Materialherkunft & Materialverwertung
- Dossier: Zusammenführung der Quelldaten (IFC, Excel) und anderer wichtiger Dokumente – mit Archivierungsmöglichkeit
- Demontierbarkeit
- Lebenszyklusanalyse
- Umweltdaten (laut EN 15804) wie zum Beispiel: Embodied Carbon über den Lebenszyklus eines Objektes
- Abbaupotenzial der stratosphärischen Ozonschicht
- Einsatz von Sekundärstoffen
- Finanziell: Diskontierter Kapitalwert des Rohstoff-Restwertes (NPV) am Ende der Lebensdauer

8.2 Circularity Passport^TM Building von EPEA

Der Circularity Passport^TM Buildings, welcher von der EPEA GmbH Part of Drees und Sommer, basierend auf dem in Kap. 6 beschriebenen BAMB-Forschungsprojekt entwickelt wurde, wird sowohl als Planungsinstrument als auch zur Dokumentation nach der Baufertigstellung verwendet. Ziel ist, gemeinsam mit Architekt:innen, sämtlichen Planungsdisziplinen sowie den ausführenden Firmen die Kreislauffähigkeit des Gebäudes zu ermöglichen und nachträglich quantitativ auszuweisen. Bei abgeschlossenen Bauprojekten informiert der Circularity Passport^TM Building detailliert darüber, welche verwendeten Materialien sich einfach trennen lassen und wie die verbauten Produkte zusammengesetzt sind. Der Um- und Rückbau mit hochwertiger Verwertung soll dabei schon vorgedacht werden. Die Bewertungslogik wird durch themen-spezifische Arbeitsgruppen (etwa Trennbarkeit, Materialgesundheit, LCA etc.) laufend auf dem aktuellen Stand der Technik und Wissenschaft gehalten und als Serviceleistung in die Erstellung des Gebäuderessourcenpasses eingebracht.

Der BCP weist folgende Eigenschaften auf: (EPEA 2021)

- klare Indikatoren und ein verständliches Scoring, das für eine hohe Transparenz bei der Bewertung der Materialien und des gesamten Gebäudes sorgt
- eine umfangreiche Datenbank, die im Hintergrund detaillierte und stets aktuelle Informationen gewährleistet – diese Datenbank speist sich aus produktspezifischen Daten aus EPDs (Environmental Product Declarations) und

aus generischen und spezifischen Datensätzen der Ökobaudat und der Eco Platform, sie werden laufend aktualisiert und regional mittels Anknüpfung an weitere Datenbanken ausgeweitet, wie etwa in Österreich dem IBO Baubook
• Eignung als Nachweisinstrument für DGNB/ÖGNI Zertifizierungssysteme ab 2018 und zukünftig auch für die EU-Taxonomie.

Der Circularity Passport^{TM} Building bewertet ein Gebäude nach den 6 folgenden Indikatoren, die eine Einschätzung von Maßnahmen und Vorgehensweisen im Hinblick auf die Kreislauffähigkeit des gesamten Gebäudes erlauben (EPEA 2022).

1. *CO$_2$e-Emissionen der Bauprodukte (Embodied Carbon)*
   Diese Kennzahl stellt das sogenannte Global Warming Potential GWP (Einheit CO$_2$e) dar, welches den gesamten Lebenszyklus eines Bauprodukts widerspiegelt. Ziele sind ein möglichst hoher Anteil an regenerativen Energiequellen bei der Herstellung, kurze Transportwegen und hohe Langlebigkeit, damit die Kennzahl niedrig ausfällt.
2. *Materialherkunft*
   Die Verwendung von Rohstoffen aus biogenem, nachwachsendem Material (Biosphäre) oder rezyklierten Material (Technosphäre) muss maximiert werden.
3. *Materialgesundheit*
   Problematische Inhaltsstoffe können nicht nur die Umwelt beeinträchtigen, sondern sind immer häufiger auch im menschlichen Körper zu finden. Um ein gesundes Gebäude zu erhalten, genügt es nicht, gesetzlich festgelegte Schadstoff-Grenzwerte einzuhalten. Stattdessen müssen die eingesetzten Materialien von vornherein aus positiv definierten Inhaltsstoffen bestehen. So können Gebäude geschaffen werden, die für Mensch und Umwelt vorteilhaft sind und in den Materialkreislauf rückgeführt werden können.
4. *Demontierbarkeit*
   Auf der Ebene der Bauelemente und -systeme wird eine einfache und zerstörungsfreie Demontage angestrebt. Das kann durch geplante, einfache Austauschbarkeit bzw. Anpassungsfähigkeit einzelner Funktionseinheiten erreicht werden. Mehrwert liegt in einer höheren Drittverwendbarkeit, einem einfachen Umbau und einer längeren Gesamtnutzungsdauer.
5. *Materialverwertung*
   In einer Circular Economy geht es darum, dass alle Ressourcen als schadstofffreie Nährstoffe betrachtet werden. Somit entscheidet sich schon im Gebäudedesign, welche Verwertungswege sie nach ihrer Nutzung nehmen

werden, um wieder als Ausgangsstoffe oder Komponenten für neue, kreislauffähige Produkte zu dienen (Technosphäre) – oder als Nährstoff für die Umwelt (Biosphäre) verwendet zu werden.

6. *Indikator Trennbarkeit*
   Ziel des Cradle-To-Cradle (C2C)-Designansatzes ist, dass sich alle eingesetzten Bauelemente und -systeme nicht nur einfach demontieren lassen, sondern sich auch in ihre Bestandteile, Schichten oder Recycling-Einheiten zerlegen lassen. Zu diesem Zweck soll auf einfach lösbare Verbindungstechniken gesetzt und möglichst auf Verbundbauteile, wie beispielsweise Wärmedämmverbundsysteme, verzichtet werden.

Auch der Circularity Passport™ Buildings konnte im Rahmen eines Demonstrationsprojektes problemlos auf Basis des verfügbaren BIM-Modells erstellt werden.

8.3 Demoprojekt zum BIM basierten Gebäudepass

Um die Erstellung von Gebäudepässen auf Basis von BIM Modellen zu testen, wurde ein Demoprojekt in Wien durchgeführt. Das Demoprojekt, eine Schule, befindet sich im Nord-Osten Wiens. Das Gebäude besteht aus drei zueinander versetzten, kubischen Baukörpern, von denen zwei viergeschossig und einer fünfgeschossig ist. Zusätzlich verbindet ein zusammenhängendes Untergeschoß die drei Gebäudeteile.

Insgesamt hat das Gebäude 14.809 m^2 BGF und eine NGF von 10.050 m^2 (nach Information der Architektur). Das Untergeschoß ist größtenteils als sogenannte braune Wanne konzipiert (Bentonitmatte zur Abdichtung). Die tragenden Stahlbetonwände sind zumeist 25 cm stark. Genauso wie das Untergeschoß besteht auch das Tragwerk der Obergeschoße aus monolithischem Stahlbeton.

Die Außenwände sind größtenteils mit Mineralwolle gedämmt und ihnen ist eine hinterlüftete Holzfassade vorgehängt. Neben der Mineralwolle wird am Dach und im Bereich des Untergeschoßes auch auf XPS als Dämmmaterial gesetzt.

Als Grundlage des Materialpasses liegt die Ausführungsplanung in Form eines IFC-Modells (Datenaustauschformat mit BIM), ein Bauteilkatalog und eine funktionale Leistungsbeschreibung der Architektur vor. Weiters wurden ausführungsrelevante Informationen zur TGA verwendet.

Einzelheiten des Demoprojektes zur Erstellung von BIM basierten Gebäudepässen inklusive einer ausführlichen Kriterienliste für kreislauffähiges Bauen sind unter folgendem QR-Code verfügbar.

Abb. 8.1
Zusatzinformationen zu den
BIM basierten
Gebäudepässen inkl.
Kriterienliste

8.4   Fazit

Sowohl mit Madaster als auch EPEA war es im Rahmen des Demoprojektes
möglich, einen Gebäudepass auf Basis eines BIM Modells zu erstellen und
damit die Kreislauffähigkeit des Gebäudes nachzuweisen. Vorteilhaft gegenüber der Arbeit mit Excel basierten Bauteilkatalogen, ist die schnellere und
zum Teil automatisierte Zuweisung von Materialeigenschaften auf die verschiedenen Bauteilschichten. Damit ermöglicht BIM nicht nur eine Zeitersparnis,
sondern wirkt auch als dauerhafte Dokumentationsgrundlage und Datenarchiv für
Planungsvarianten oder spätere Umbauten.

Wichtig für die Modellierung ist der schichtweise Aufbau von Wänden
und entsprechender Datenexport in IFC, sowie ein zu Madaster oder EPEA
kompatibles Klassifizierungssystem für Materialdatenbanken.

Literatur

Ellen MacArthur Foundation. (2010). Circularity-Indicators-Methodology. https://emf.thirdl
    ight.com/link/3jtevhlkbukz-9of4s4/@/preview/1?o. Zugegriffen: 15 August 2022
Madaster (2023a). EPEA Generic Dataset. https://docs.madaster.com/files/en/EPEA_Gene
    ric_Dataset_Description.pdf. Zugegriffen: 7 Juli 2023
Madaster (2023b). Madaster BIM/IFC-Richtlinien. https://docs.madaster.com/files/de/IFC-
    Richtlinien%20f%C3%BCr%20BIM%20Modelle.pdf. Zugegriffen: 6 Juli 2023
EPEA (2021) Das Cradle to Cradle – Designprinzip _ Für Gebäude https://epea.com/filead
    min/user_upload/5.0_News/C2C_Booklet_EPEA_PART_II_Gebaeude.pdf. Zugegriffen:
    2 April 2023
EPEA. (2022) Building Circularity Passport https://epea.com/en/services/buildings. Zuge-
    griffen: 26 August 2022

Schlussfolgerungen und Aussichten: Auf dem Weg zur Kreislaufwirtschaft

9

Aktuell wird die Kreislaufwirtschaft von einem Top-down Prozess getrieben. Ausgehend von Europäischen Zielsetzungen der EU-Taxonomie und ESG-Verordnung im Allgemeinen werden die Anforderungen zur Ressourcenschonung und dem Übergang in eine Kreislaufwirtschaft von internationalen und nationalen Zertifizierungssystemen wie DGNB, (DGNB 2022) BREEAM (BREGroup 2022), ÖGNI (ÖGNI 2022) übernommen und individuell erweitert. Ressourcenschonendes Bauen ist damit keine Option mehr, sondern Voraussetzung, um zukünftig überhaupt noch am Markt bestehen zu können. Immer mehr Städte, Kommunen, öffentliche und private Auftraggeber bereiten sich daher aktiv auf den Paradigmenwechsel zur Kreislaufwirtschaft vor und verwenden Gebäude-/ Ressourcenpässe, um die Kreislauffähigkeit ihrer Immobilien optimieren und nachweisen zu können. Ein großvolumiges Gebäude ohne Nachhaltigkeitszertifizierung ist bereits heute nicht mehr marktfähig und kaum noch finanzierbar – Trend anhaltend bzw., mit Erweiterung der Taxonomiekriterien, steigend.

Die vorliegende Veröffentlichung gibt einen umfassenden Überblick über die aktuell geltenden regulatorischen Anforderungen zum kreislauffähigen Bauen auf europäischer Ebene und deren Umsetzung in die die wichtigsten nationalen und internationalen Gebäudezertifizierungen, angefangen von der EU-Taxonomie bis hin zum europäischen, digitalen Produktpass.

Für die konkrete Beschreibung der Kreislauffähigkeit von Immobilien fehlt es im Moment noch an geeigneten Indikatoren (Umweltbundesamt 2021 S. 22). Zu diesem Zweck wurde eine umfassende Kriterienliste für kreislauffähiges Bauen erarbeitet. Sie kann als Grundlage für Ausschreibungen verwendet werden und gibt eine inhaltliche Empfehlung bzw. auch strategische Orientierung bei

© Der/die Autor(en) 2024
M. Gebetsroither et al., *Paradigmenwechsel in Bau- und Immobilienwirtschaft*,
essentials, https://doi.org/10.1007/978-3-662-68276-0_9

der Erstellung von materiellen Gebäudepässen. Die Kriterienliste von © Digital Findet Stadt sowie die Ergebnisse des Demoprojektes sind in Abb. 8.1 zu finden. Während die Verpflichtungen zur Nachweisführung der Einhaltung von ESG (Economy, Social, Governance) Zielen Unternehmen vor Herausforderungen in der Datenbeschaffung stellt, macht die Digitalisierung der Bau- und Immobilienwirtschaft rasante Fortschritte. Neben künstlicher Intelligenz zur Datenauswertung, stellt Building Information Modelling BIM die wichtigste technische Arbeitsmethode dar, die weitgehenden Einzug hält in Planung, Ausführung und Betrieb für die Bereitstellung von Bauwerksinformationen. Im Bezug auf Kreislauffähigkeit konnte nachgewiesen werden, dass BIM eine technische ausgereifte Möglichkeit bietet, um Nachhaltigkeitsbewertungen, Planungsoptimierungen und Bauwerksdokumentation schnell und gut strukturiert zu bewerkstelligen. Die/ Der interessierte Leser:in findet die Onlinedokumentation zur BIM basierten Erstellung von Gebäudepässen für eine Wiener Schule über einen QR-Code in Abb. 8.1.

Der Übergang unseres linearen Wirtschaftssystems in ein zirkuläres, kreislauffähiges ist erklärtes Ziel der Europäischen Union. Digital verfügbare Gebäudeinformationen sind einer der wichtigsten Enabler zu deren Umsetzung. Dieses Buch bietet Ihnen einen informativen Überblick zur Kreislaufwirtschaft in Bau- und Immobilienwirtschaft und setzt auch Anreize und Motivation zur eigenen digitalen Transformation.

Was Sie aus diesem *essential* mitnehmen können

- regulatorische Rahmenbedingungen, Vorgaben und Ziele zum kreislauffähigen Bauen seitens EU (EU-Taxonomie) und national (Österreich)
- die Rolle von Gebäudezertifizierungen
- Übersicht aktueller Bewertungstools zu digitalen Produkt- und Gebäudepässen
- Erstellung von Gebäudepässen mit EPEA und Madaster auf Basis von Building Information Modelling BIM

Printed in the United States
by Baker & Taylor Publisher Services